Vorwort

Seit dem Erscheinen des „Mikrochemischen Praktikums" von F. Emich, dem Begründer der quantitativen Mikrochemie, also vor nunmehr fast 30 Jahren, ist kaum mehr ein Lehrbuch verfaßt worden, das ganz allgemein in der Lage wäre, in die mikrochemische Arbeitsweise einzuführen.

Fußend auf den Pionierarbeiten Emichs, Pregls und nicht zuletzt des langjährigen Mitarbeiters Emichs, Julius Donau, gelang es uns, eine Arbeitsrichtung zu entwickeln, die besonders die Erfordernisse der Praxis erfüllen soll und die, wie wir glauben, bei entsprechendem Ausbau in der Lage sein wird, vielfach an die Stelle der üblichen makrochemischen Arbeitsverfahren zu treten. Der steigende Besuch der alljährlich stattfindenden Kurse in den Instituten des Verfassers von Chemikern aller Fachrichtungen erhärtet die Richtigkeit dieser Auffassung. Viele Laboratorien des In- und Auslandes bedienen sich schon mit ausgezeichnetem Erfolg dieser Arbeitstechnik zur Lösung ihrer Aufgaben.

Es wäre ein unmögliches Beginnen, und es kann auch nicht die Aufgabe eines Praktikums sein, das dem Lernenden dienlich sein soll, alle im Laufe der Zeit auf dem Gebiete der reinen und angewandten Chemie bekannt gewordenen Methoden zu lehren. So haben wir bewußt darauf verzichtet, solche aufzunehmen, die bereits in eigenen Lehrbüchern ihren Niederschlag gefunden haben. Wir hielten es für die didaktisch richtige Art, eine Reihe von besonders ausgewählten Übungsbeispielen aus den verschiedenen Fachsparten zu bringen, um den Lernenden mit der mikrochemischen Arbeitsweise vertraut zu machen. Diese Übungsbeispiele sind zudem durch die bereits erwähnten Kurse erprobt.

Wenn wir nun dieses Praktikum, das bereits im Jahre 1949 als vervielfältigtes Manuskript im Selbstverlag des Verfassers erschienen ist, als Buch der Öffentlichkeit übergeben, erfüllen wir den Wunsch vieler Fachgenossen und ehemaliger Schüler, um so mehr als das Manuskript schon längst vergriffen ist.

Der Verfasser konnte sich bei der Abfassung des Manuskriptes bzw. dessen Neubearbeitung der Hilfe zahlreicher Mitarbeiter erfreuen, die hier dankbar erwähnt seien. Bei der ersten Fassung waren es mein langjähriger Mitarbeiter Priv.-Doz. Dr. H. Malissa, Priv.-Doz. Dipl.-Ing. Dr. techn. H. Spitzy und Frau L. Binder-Henker. Bei der Neubearbeitung waren mir

Frau Dr. Duffek-Vicari, Frau Dr. Dipl. Chem. S. Bontempo, Herr Dipl.-Ing. Dr. techn. H. Demmel, insbesonders Mag. pharm. Dr. E. Schöffmann, sowie Dipl.-Ing. H. Salomon und nicht zuletzt Frau F. Staber behilflich.

Der nimmermüden Tätigkeit meines langjährigen Institutsmechanikers R. Hainz verdanke ich die zweckentsprechende Gestaltung der von uns entwickelten Apparaturen, dem Mitinhaber der Fa. Paul Haack, Herrn Alfred Haack, bin ich für die entscheidende Mithilfe bei der Schaffung formschöner, zweckentsprechender Glasapparaturen und Meßgeräte zu ganz besonderem Dank verpflichtet.

Graz, im April 1956   G. Gorbach

ANLEITUNGEN FÜR DIE CHEMISCHE
LABORATORIUMSPRAXIS

HERAUSGEGEBEN VON H. MAYER-KAUPP

BAND VII

MIKROCHEMISCHES PRAKTIKUM

VON

DR.-ING. G. GORBACH

O. Ö. PROFESSOR, VORSTAND DES INSTITUTES FÜR BIOCHEMISCHE
TECHNOLOGIE UND LEBENSMITTELCHEMIE UND DES INSTITUTES
FÜR MIKROCHEMIE DER TECHNISCHEN HOCHSCHULE GRAZ

MIT 72 ABBILDUNGEN IM TEXT

SPRINGER-VERLAG BERLIN HEIDELBERG GMBH

ISBN 978-3-642-52643-5   ISBN 978-3-642-52642-8 (eBook)
DOI 10.1007/978-3-642-52642-8

Inhaltsverzeichnis

Einleitung

Der Unterschied zwischen Makrochemie und Mikrochemie liegt definitionsgemäß in der Größenordnung der zur Verarbeitung gelangenden Proben. Während man makrochemisch, jedenfalls soweit es die analytische Chemie betrifft, mit Grammen und Zehntelgrammen arbeitet, arbeitet der Mikrochemiker mit Stoffmengen, deren obere Grenze bei den Zehntelgrammen liegt, deren untere Grenze jedoch nicht festliegt, sondern nach der Feinheit der zur Verfügung stehenden Einrichtungen, um kleine und kleinste Substanzmengen zu bearbeiten, innerhalb weiter Grenzen schwankt. Es werden daher durch Verfeinerung der Arbeits- und Meßgeräte die Möglichkeiten nach kleineren Substanzmengen hin im Laufe der Zeit immer mehr erweitert. Schon F. Emich hat zur Abgrenzung des Arbeitsgebietes „Mikrochemie" die Einwaage als Grundlage genommen und für Methoden, die mit Zentigrammen, Milligrammen oder Mikrogrammen ausführbar sind, den Ausdruck Zentigrammverfahren, Mikrogrammverfahren geschaffen. Es bereitet keine besonderen Schwierigkeiten mehr, für die qualitative Analyse bei Anwendung des Mikroskopes mit Substanzmengen von einigen Mikrogrammen auszukommen. Die Möglichkeiten lassen sich ungeahnt erweitern, wenn an Stelle des Mikroskopes das Elektronenmikroskop mit einer bis auf das 160000fach gesteigerten Vergrößerungsfähigkeit verwendet wird. Auch die Emissionsspektralanalyse läßt solche Schritte zu kleinen und kleinsten Substanzmengen zu. Die Schwierigkeiten der Arbeitstechnik werden bei dieser „Spurensuche" immer größer. Beim Mikroskop erfordern kleine Substanzmengen vielfach eigene Handhabungsgeräte, die die klobigen Handbewegungen mittels Mikrometerschrauben in mikroskopische Feinbewegungen übersetzen. Bei der Spektralanalyse macht die Allgegenwart der „Spurenelemente" den Nachweis und die quantitative Bestimmung immer beschwerlicher, je weiter man in den kleinen Dimensionen fortschreitet. So muß die Verfeinerung der Arbeitstechnik mit der Anwendung großer Sorgfalt und Aufmerksamkeit zwangsläufig gepaart werden, wodurch solche Arbeitsverfahren für die tägliche Laboratoriumsarbeit zumeist ausscheiden und für Spezialaufgaben in Frage kommen.

Bei den heute in der Industrie und Praxis verwendeten Anlernkräften ist es zudem wünschenswert, mikrochemische Methoden zu haben, die auch diese Kräfte schnell erlernen. Von diesem

Gesichtspunkt aus ergibt sich eine weitgehende Beschränkung des Arbeitsbereiches der Mikrochemie, jedenfalls der quantitativen Mikrochemie. Der mit den derzeit vorhandenen Hilfsmitteln leicht beherrschbare Bereich liegt etwa zwischen 1—200 mg Einwaagen. Für solche Einwaagen ist das im nächsten Abschnitt beschriebene Gerät bestimmt. Für die präparative Mikrochemie, für die die Einrichtungen in gleicher Weise verwendbar sind, gilt ein ähnlicher Arbeitsbereich. Diesem Einwaagenbereich müssen die Glasgefäße angepaßt werden. Was nun die optimale Größe der Gefäße anlangt, so empfiehlt es sich, schon wegen der Belastungsempfindlichkeit mikrochemischer Waagen, Gefäße nicht größer und vor allem nicht schwerer zu wählen, als es die Einwaagen erfordern.

Im Hinblick auf den bezeichneten Einwaagenbereich fällt es im allgemeinen schwer, Gefäße zu finden, die diesem gerecht werden, wenn man es vermeiden will, mit vielen Gefäßen verschiedener Größe zu arbeiten, die die Arbeitstechnik komplizieren. Wir waren im Gegenteil bestrebt, durch Typisieren der Geräte und durch Verwendung möglichst vielseitig verwendbarer Einrichtungen die mikrochemische Arbeit zu erleichtern und zu vereinfachen. Als besonders fruchtbar hat sich der Gedanke erwiesen, den besonderen Erfordernissen der Mikrochemie und der vielseitigen Anwendbarkeit durch die Formgestaltung gerecht zu werden. Hier sei in erster Linie unser Spitzbecher erwähnt, der durch seine unten verjüngte Form für kleine wie für große Flüssigkeitsmengen, für Tropfen ebenso wie für Milliliter brauchbar ist. Wir haben davon ausschließlich zwei Ausführungen in Gebrauch, die 3 bzw. 6 ml fassen und aus dünnem Glas erzeugt nur etwa 1 g bzw. 5 g wiegen. Durch die verjüngte Form haben sie sich als Fällungsgefäß bei der von uns wegen des großen Zeitgewinnes fast ausschließlich verwendeten EMICHschen Filterstäbchenmethode ebenso bewährt wie für mikromaßanalytische Zwecke, wobei der ebene Boden des Gefäßes die Beobachtung von Farbumschlägen erleichtert. Die verjüngte Form hat noch den Vorteil, daß die Schichtdicke zur Beobachtung des Farbumschlages bei kleinen Mengen durch Zusammendrängen der Flüssigkeit in der Spitze erhöht ist. Die Verwendung der Spitzbecher für die Maßanalyse setzt wegen des beschränkten Fassungsvermögens allerdings voraus, daß konzentrierte Maßlösungen verwendet werden, die wir noch aus verschiedenen anderen Gründen für zweckmäßig halten. Seit PREGL ist es üblich, zur Erfassung kleiner Substanzmengen statt der in der Makrochemie allgemein angewandten n/10 Maßlösungen n/50—n/100 Maßlösungen zu verwenden und dazu eine um etwa eine Zehnerpotenz verfeinerte Bürette zu verwenden. Für die Anwendbarkeit der Spitzbecher ist unsere Capillarbürette mit der etwa 2 Dekaden verfeinerten Maßmöglichkeit zwecks Beschränkung der Titrationsvolumina erforderlich. Durch die Möglichkeit, den Spitzbecher mittels seines breiten und kräftigen Randes in die Mikrozentrifuge einzuhängen, läßt sich die zeitraubende Filtration oft in wenigen Sekunden durchführen. Wir zentrifugieren vor und während des Auswaschens die Niederschläge ab, so daß das Filterstäbchen oft überhaupt nur die Aufgabe hat, die klare Flüssigkeit abzusaugen. Die über dem Niederschlag stehende Flüssigkeit wird mit Hilfe des Filterstäbchens einfach bis nahe an den Niederschlag, der sich in der Spitze gesammelt hat, abgesaugt und dieser Vorgang beim Waschen wiederholt. So hat sich der Spitzbecher eine dominierende Stellung in unserem Arbeitsbereich verschaffen können. Er läßt sich mittels des Randes zwischen den Fingerkuppen auch leicht ohne Betasten und damit Beschmutzen der Oberfläche oder aber mittels des Glasringes, der zur Unterstützung der mangelnden Standfestigkeit erforderlich ist, auch mit der in der Mikrochemie geforderten „Asepsis" handhaben. Durch die Verwendung von Schliffspitzbechern ist der Anwendungsbereich noch wesentlich vergrößert. Neben dem Spitzbecher spielen die Mikrobechergläser und Rundkölbchen nur eine untergeordnete Rolle. Nach ähnlichen Grundsätzen haben wir das für verschiedene Arbeitszweige erforderliche Mikrogerät aus dem Bekannten ausgewählt, oder, wenn notwendig, neu geschaffen. Wir haben dabei besonders darauf Bedacht genommen, durch Entwicklung möglichst vielseitig verwendbarer Geräte und Einrichtungen das gesamte Instrumentarium hinsichtlich der Stückzahl möglichst klein zu halten. Von den im folgenden Teil beschriebenen Einrichtungen sei hier auf das Universalstativ besonders hingewiesen, bei dem durch Anwendung des „Baukastenprinzipes" fast alle heiztechnischen Wünsche mikrochemischer Arbeit erfüllt sind.

Schließlich sei nur noch ganz kurz auf die Vorzüge mikrochemischer Arbeitsverfahren hingewiesen, die die Mikrochemie vielfach auch dort empfehlenswert machen, wo von der Materialseite her kein unbedingter Zwang zu ihrer Anwendung besteht. An die Spitze mögen die Einwände gestellt werden, die gegen ihre Verwendung ins Treffen geführt werden. Es herrscht merkwürdigerweise vielfach die Meinung vor, die Mikrochemie müße zwangsläufig weniger exakt als die Makrochemie sein, weil der Durchschnitt bei so kleinen Proben nicht gewährleistet werden könne. Auch Milligramme bestehen jedoch noch aus vielen Dekaden von Einzelmolekülen. Es kommt nur auf den Zerkleinerungsgrad an, d. h. auf die Möglichkeit der Vereinheitlichung der Proben, wie

weit mit der Einwaage herabgegangen werden darf. Nachdem der
Gedanke „Mikrochemie" mit deren Genauigkeit steht und fällt,
haben wir uns ganz besonders mit der Frage beschäftigt, wie die
zugegebenermaßen größeren Streuungen der Werte im Endergebnis
korrigiert werden könnten. Die Lösung liegt auf der Hand: Durch
Erhöhung der Probenzahl, weil mit dieser Zahl die das Endergebnis
verschlechternden positiven und negativen Abweichungen durch
arithmetische oder geometrische Mittelwertbildung, schließlich bei
einer höheren Zahl durch Anwendung der GAUSSschen Glocken-
kurve so ausgeglichen werden, daß im Endergebnis schließlich
theoretische Werte erhalten werden können. Diese Möglichkeit besteht theoretisch natürlich auch bei den Makromethoden; auch
dort steigt die Genauigkeit, wenn mehr als die üblichen zwei
Parallelproben angesetzt werden. Praktisch ist sie jedoch nicht
vorhanden, da hierfür die meisten Makromethoden viel zu viel Zeit
beanspruchen. Diesem Gedanken kommt unser Mikrogerät ent-
gegen. Es besitzt alle Voraussetzungen, um viele Proben gleichzeitig zu bearbeiten, und zwar vielfach in einem Bruchteil der Zeit
und mit einem Bruchteil des Arbeitsaufwandes, welchen die Makrochemie für nur 2 Proben beansprucht. Aber abgesehen von der
Möglichkeit der Genauigkeitssteigerung durch Vermehrung der
Proben, ist die Mikrochemie in vielen Fällen eben durch die Kleinheit der zu bearbeitenden Probe bei höchster Zeit-, Arbeits- und
Materialökonomie genauer. Während beispielsweise die Extraktion
von Ölsaaten bei Einwaagen von 5—10 g im Soxhletextraktor bis
zur quantitativen Erfassung des Öles etwa 12—24 Std dauert, erfordert die gleiche Operation bei Einwaagen von 100—200 mg in
unserem Mikroextraktor nur 2 Std. Die Werte sind dabei höher,
die Extraktion ist offenbar erschöpfender; dies deshalb, weil die
kleine Probe mit mehr Extraktionsmittel intensiver in Berührung
kommt, als dies etwa im Soxhletextraktor möglich ist.

Die Kleinheit der Gefäße und Einrichtungen erbringt außer-
ordentliche Materialersparnis und erlaubt, mit besonders kostbarem
Material, wie Platin, das durch seine Eigenschaften die Durchführung vieler Analysen erleichtert, mehr als bisher zu arbeiten.
Die damit gleichzeitig verbundene Gewichtseinsparung und der
außerordentlich geringe Raumbedarf unserer Mikrogeräte ermög-
lichten es, transportable Laboratoriumseinrichtungen zu schaffen,
die gegebenenfalls in kleinen Koffern untergebracht werden können.

I. Die Waage

Eine der wichtigsten Aufgaben des Chemikers ist die Wägung der in Arbeit zu nehmenden Substanzen. Nun ist die Waage, besonders wenn es sich um den gleicharmigen Typus der Analysenwaage handelt, mit einer Reihe von Fehlerquellen behaftet, die im Instrument selbst, in seiner Behandlung und in der Art der Wägung liegen können[1]. Die Unzulänglichkeit der Waage ist meist das Hemmnis, das den Arbeiten mit kleinen Substanzmengen eine Grenze setzt. Die Grenze liegt praktisch bei etwa einem Mikrogramm. Wohl gibt es Waagen, die bis etwa drei Zehnerpotenzen genauer sind. Sie kommen für den praktischen Laboratoriumsgebrauch schon wegen der Umständlichkeit ihrer Handhabung nicht in Frage.

Es sei zunächst erwähnt, daß man sich für viele Aufgaben der quantitativen Mikrochemie der gewöhnlichen analytischen Waage bedienen kann. Es ist gerade bei Verwendung mehrerer Parallelproben, wie sie von uns allgemein empfohlen wird, ohne weiteres möglich, einen Großteil mikrochemischer Arbeit mit diesem Instrument durchzuführen. Selbstverständlich sind hierfür nur qualitativ hochstehende Waagen brauchbar, bei denen die 0,1 mg ablesbar und nach der von F. PREGL gelehrten Art noch Bruchteile eines 0,1 mg, also etwa 0,02—0,03 mg mit einiger Sicherheit festzustellen sind. Fehlablesungen lassen sich durch Wiederholung der Wägung eliminieren. Es erübrigt sich, zu betonen, daß alle die Temperaturkonstanz der Waage gewährleistenden Maßnahmen unbedingt eingehalten werden müssen. Die Wägefehler kompensieren sich meist ebenso wie die methodischen Fehler mit der Anzahl der Proben. Durch Verwendung der von uns vorgeschlagenen leichten Gefäße und Wägebehelfe arbeitet man praktisch nahe an der Empfindlichkeit der Waage.

Heute sind eine Reihe von mikrochemischen Waagen vom Probierwaagentypus im Handel, die hier nicht im einzelnen beschrieben werden können.

Besonders brauchbar erwiesen sich Torsionsfederwaagen, die seit vielen Jahren im Handel, vornehmlich zum Abwägen der Heizfäden für Glühlampen, erhältlich sind. Auf größere Belastungen wurde daher kaum Rücksicht genommen. Die Wägung beruht auf

---

[1] Vgl. G. GORBACH, Monographie „Die Mikrowaage", Mikrochemie 20, 254 ff. (1936).

der Verdrehung einer Feder, die an der Mittelachse des Balkens angreift, wobei das durch die Verdrehung kompensierte Gewicht der Last durch einen am anderen Ende der Feder angebrachten Hebel mit Zeiger an einer Skala abgelesen werden kann. Der große Vorteil solcher Systeme liegt in der Kompensation einerseits, indem der Waagebalken wieder in seine ursprüngliche Ruhelage zurückgeführt wird, und im Fehlen von Schneiden, Pfannen und Reitereinrichtungen andererseits. Es entfallen dadurch eine Reihe von Fehlern. Die Systeme sind allerdings bei höherer Wägegenauigkeit oft sehr empfindlich. Für mikrochemische Zwecke ist diese Art von Waagen wegen ihrer geringen Belastbarkeit nur für die Einwaage geeignet, bei der die von uns vorgeschlagenen Einwägebehelfe (S. 50) sehr gute Dienste leisten.

Der Verfasser entwickelte selbst eine Waage, die durch ihre weit größere Belastbarkeit keine besonderen Ansprüche an die Verwendung der Taren stellt. Sie beruht auf dem Prinzip der „echten Torsionswaage", bei der an Stelle der Spiralfeder ein hochelastischer Draht als Mittelachse tritt. Die rücktreibende Kraft des Drahtes dient zur Bestimmung der kleinen und kleinsten Gewichte, so daß man zu einem an der Mittelachse völlig reibungsfreien Wägesystem kommt.

Das Neue an dem von uns entwickelten, auch durch Patente geschützten Waagensystem liegt, wie das Schema in Abb. 1 zeigt, darin, daß die Verdrehung des Drahtes mittels eines totgangfreien Übersetzungsgetriebes so vergrößert wird, daß feinste Verdrehungen festgestellt und zur Messung kleinster Gewichtsdifferenzen ausgenützt werden können. Der große Vorteil dieser mechanischen oder auch optisch erreichbaren Vergrößerung der in mikroskopischen Ausmaßen sich vollziehenden Verdrehung liegt in der Verwendung dickerer und dadurch hochbelastbarer und bruchsicherer Drähte. Da die Wägung nur im Zurückheben des durch die Last aus der Ruhelage gebrachten Balkens besteht, verengt man das Ausschwingen des Balkens zweckmäßig durch Gabeln, die auch als Arretierungsvorrichtungen dienen können und während des Transportes zur Vermeidung des Drahtbruches den Balken festhalten.

Bei der Beschäftigung mit diesem Waagenprinzip hat sich noch ein weiterer, wie uns scheint, sehr bemerkenswerter Vorteil ergeben. Da der Balken mit dem Draht fix verbunden ist, wirkt die vordere Drahthälfte unabhängig von der hinter dem Balken liegenden. Man kann somit die vordere Drahthälfte zur Gewichtsmessung, die hintere zum Ausgleich kleiner Gewichtsdifferenzen der Taren verwenden. In ausgereifter Form hat dieses Waagensystem, das in unserem Institut in Versuchsmodellen ohne Absinken der Wäge-

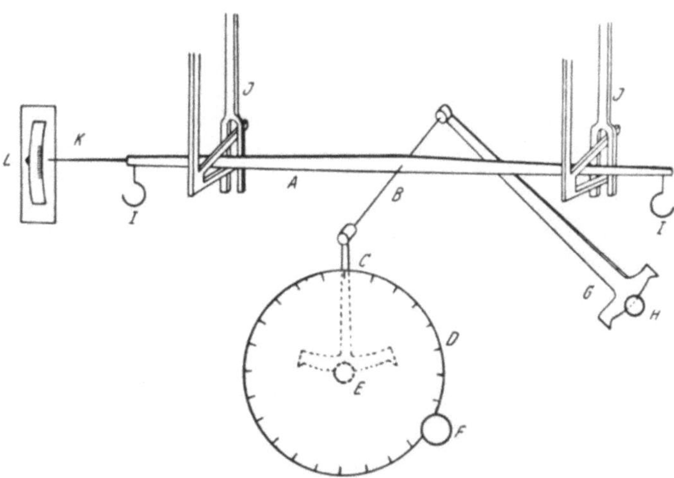

Abb. 1. Prinzip der Torsionswaage

genauigkeit und ohne jede Wartung seit mehreren Jahren in Gebrauch steht, die Firma Sartorius, Göttingen, in den Handel gebracht. Wie aus dem Prinzipschema in Abb. 2 ersichtlich, ist die Waage mit einer die Ausschläge des Waagebalkens stark vergrößernden optischen Ablesung versehen. Durch eine punktförmige Kleinbeleuchtung und ein optisches System wird ein Lichtzeiger auf den in der Mitte des Balkens angebrachten Spiegel projiziert, der die Schwingungen des Balkens mitmacht und schließlich auf die obere Hälfte der durch einen schwarzen Strich horizontal geteilten Mattscheibe projiziert wird. Die Verdrehung des Drahtes und damit die Gewichtsbestimmung wird mittels eines am Drahtende drehfest verbundenen Hebels und einer an

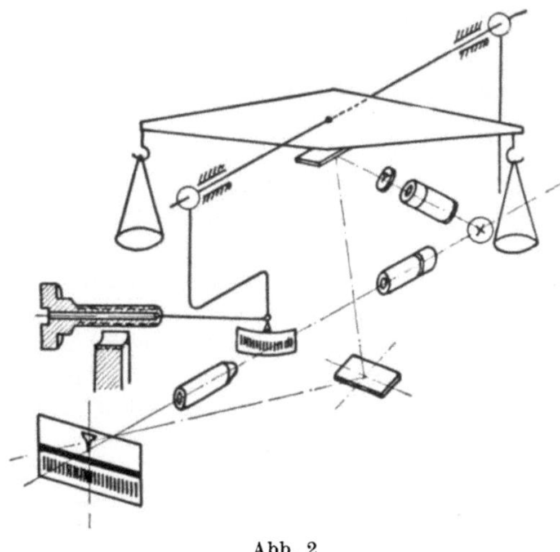

Abb. 2

seinem Ende befindlichen Skala ermittelt. Diese Skala wird, durch ein weiteres Projektionssystem optisch vergrößert, auf die untere Hälfte der außerhalb des Gehäuses (Abb. 3) sichtbaren Mattscheibe projiziert. Durch eine grob- und feinregulierbare Schraube läßt sich der Hebelarm und damit die Skala in kleinsten Wegstrekken verdrehen. Man kann daher durch diese sinnreiche Einrichtung sowohl den Balkenzeiger als auch die Verdrehung des Drahtes gleichzeitig beobachten, wodurch der Wägevorgang enorm abgekürzt und bequem gemacht wird. Die Wägungen können durch leichte Verdrehung der Mikrometerschraube beliebig oft und rasch wiederholt und so der wahre Gewichtswert ermittelt werden.

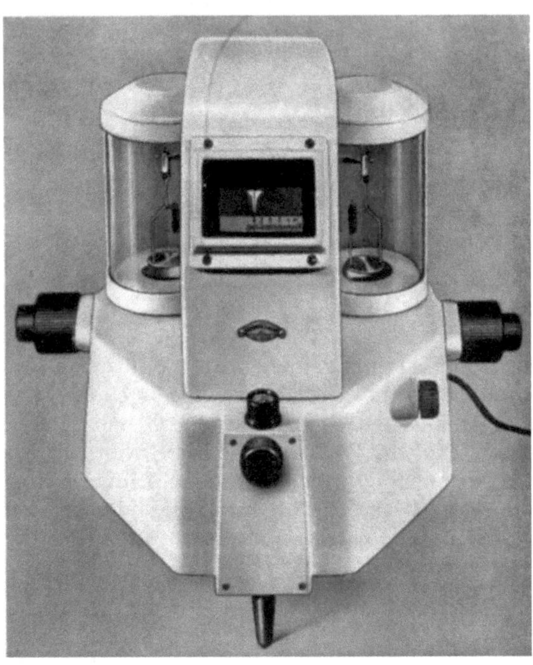

Abb. 3

Durch eine im Schema nicht sichtbare magnetische Dämpfung werden die Schwingungen des Balkens sehr stark gedämpft, so daß die Wägung praktisch nur im Anheben des Balkens in die ursprüngliche Ruhelage besteht. Sie ist dadurch gekennzeichnet, daß der unter dem Einfluß der Last mittels der Mikrometerschraube nach rechts ausweichende Lichtzeiger durch Verdrehen der Mikrometerschraube und damit der Skala zu einem in der Mitte der Mattscheibe befindlichen schwarzen Markierungsstrich zurückgeführt und zur Deckung gebracht wird. Der Gewichtswert läßt sich dann an der Skala direkt ablesen.

Die Fa. Sartorius liefert die Skala mit einem Gewichtswert von 50 mg. Sie ist in 2500 Teile geteilt. Ein Skalenteil entspricht demnach 20 μg. Durch Schätzung halber Skalenteile ergibt sich eine Genauigkeit von ± 10 μg. Diese Wägegenauigkeit kann durch öftere Wiederholung des Wägevorganges noch etwas verbesert werden, indem dann Viertelteilstriche, d. h. ± 5 μg zu ermitteln sind. Ein großer Vorteil dieser neuen Waage liegt in dem Umstand, daß die Genauigkeit selbst bei jahrelangem Gebrauch wegen der geringen mechanischen Beanspruchung des verhältnismäßig dicken Torsionsdrahtes nicht absinkt.

Die Wägetechnik

Hinsichtlich der Aufstellung und Handhabung dieser Waage gelten die gleichen Regeln, wie sie für mikrochemische Waagen allgemein gebräuchlich sind. Die weitgehende Temperatur- und Erschütterungsunempfindlichkeit bietet den Vorteil, daß man auf eigene Wägezimmer verzichten und die Waage in der Nähe des Laboratoriumstisches oder am Tisch selbst aufstellen kann. Die geringe Belastbarkeit von etwa 2 g bedingt allerdings eine Anpassung der Wägegefäße an diese Belastungsgrenze. Dies ist jedoch kaum ein Nachteil, da aus dem Mißverhältnis von Größe, Oberfläche und Gewicht der Taragefäße und der Substanz Wägefehler entstehen. In allen Fällen, bei denen man der Waage für das Einwägen der Proben bedarf, bewähren sich die von uns auf S. 50 (Abb. 4) beschriebenen Einwägebehelfe. Es sind dies Ösen aus Glas oder Platin oder einem anderen chemisch wenig angreifbaren Material. Sie fassen bis zu 30 mg der Substanz und sind selbst kaum viel schwerer. Sie sind für wäßrige bis zähflüssige, aber auch für pastenförmige Proben geeignet: Ihre Größe bestimmt auch die Einwaagengrößen, womit jedes zeitraubende Dosieren an der Waage wegfällt. Die Öse wird auf der Lastseite eingehängt und mittels der Nullpunktseinrichtung der Nullpunkt eingestellt. Nach der Wägung werden die Ösen samt der Probe in die Reaktionsgefäße eingefüllt und dadurch jeder Verlust an Probenmaterial vermieden. Für feste Proben verwenden wir Löffelchen und Schälchen, die meist bis zum Doppelten ihres Gewichtes an Probe fassen und zum Teil ebenfalls durch ihre Größe Anhaltspunkte für die Größe der Einwaage geben. Durch die Verwendung dieser Einwägebehelfe wird die Leistungsfähigkeit der Waage bis nahe an die Empfindlichkeit der unbelasteten Waage herangeführt.

Durch die höhere Belastbarkeit der Mikrowaage nach GORBACH ist diese auch für gravimetrische Analysen brauchbar. Die von uns verwendeten kleinen Spitzbecher aus Glas oder Quarz wiegen kaum mehr als 1 g. Zusammen mit den im Geräteteil erwähnten Asbest-filterstäbchen aus Glas oder. Quarz ergibt sich eine allseitig anwendbare Filtriereinrichtung für Trocken- oder Glühniederschläge. Neben Mikroplatintiegeln kann man auch Mikroporzellantiegel verwenden, weil diese ebenfalls kaum mehr als 1 g wiegen. Für Spitzbecher sind Aufhängevorrichtungen aus Aluminiumdraht, die man sich leicht selbst herstellen kann, zu empfehlen.

Bei der Wägung wird zur Vermeidung von Auftriebs- und Temperaturfehlern zweckmäßig als Tara ein Gefäß gleicher Form auf die Gewichtsseite aufgelegt. Alle Geräte aus Quarz, Glas oder Porzellan sind im Gewicht meist stark verschieden. Solche Unterschiede lassen sich auch mit der Nullpunktseinrichtung der Torsionswaage nicht immer kompensieren. Deshalb sucht man sich zunächst beispielsweise den leichtesten aller Spitzbecher auf einer gewöhnlichen Waage aus und verwendet diesen als Taraspitzbecher, während alle übrigen, schwereren die eigentlichen Arbeitsspitzbecher darstellen. Für die letzteren wird auf der analytischen Waage mittels Aluminiumfolie ein Zusatzgewicht hergestellt, welches das Übergewicht kompensiert und durch eine eingestanzte Nummer die Zugehörigkeit zu einem der Arbeitsspitzbecher markiert erhält. Es gibt dann das Taragefäß zusammen mit dem jeweiligen Zusatzgewicht die Tara des Arbeitsspitzbechers. Kleine Differenzen lassen sich nun unschwer durch die Nullpunktseinstellung der Waage ausgleichen. Man kann solche Zusatzgewichte auch für andere Arbeitsgefäße und auch für die in Verwendung stehenden Filterstäbchen anfertigen.

Die Wägung ist durch diese Maßnahmen weitgehend fehlerfrei und einfach. Nach dem Aufbringen des Arbeitsgefäßes auf die rechte Schale und der Tara samt Zusatzgewicht auf die linke, stellt man vor der Wägung durch Drehung des linken Grob- und Feintriebes den Nullpunkt ein und beginnt dann die Wägung. Wägefehler durch die Inkonstanz der Nullage sind schon wegen der außerordentlich kurzen Wägedauer zu vernachlässigen.

II. Beschreibung und Anwendung mikrochemischer Arbeitsgeräte

Im folgenden werden die gebräuchlichsten mikrochemischen Arbeitsgeräte, wie sie im Institut des Verfassers schon seit Jahren mit Erfolg verwendet werden, näher beschrieben[1].

Selbst herzustellende mikrochemische Behelfe. Zunächst seien einige einfache Behelfe beschrieben, die leicht selbst hergestellt werden können.

Zur Glasbearbeitung sind Schmetterlingsbrenner und Mikroflammen erforderlich. Letztere sind leicht durch Anschluß eines ausgezogenen Glasrohres, das mittels Schlauch an die Gasleitung angeschlossen wird, selbst herzustellen. Je nach Feinheit der Glasspitze ergibt sich eine größere oder kleinere Gasflamme.

Glasösen (G 2) Abb. 4

Anwendung. Zum Dosieren von Flüssigkeiten und Pasten.

Herstellung. Man zieht aus einem Glasstab Glasfäden von ungefähr 0,3—0,5 cm Durchmesser und schneidet mit einem Ampullenschneider 3 cm lange Stückchen ab. 0,5 cm vom Rand entfernt biegt man das eine Ende in der Mikroflamme zu einem Häckchen (Abb. 5). Das zweite Ende wird zu einer Öse geformt; man erhitzt wieder in der Flamme und dreht das Glasstäbchen dabei so, daß der erweichte Teil, der das Bestreben hat, durch sein Eigengewicht herunterzufallen, sich zu

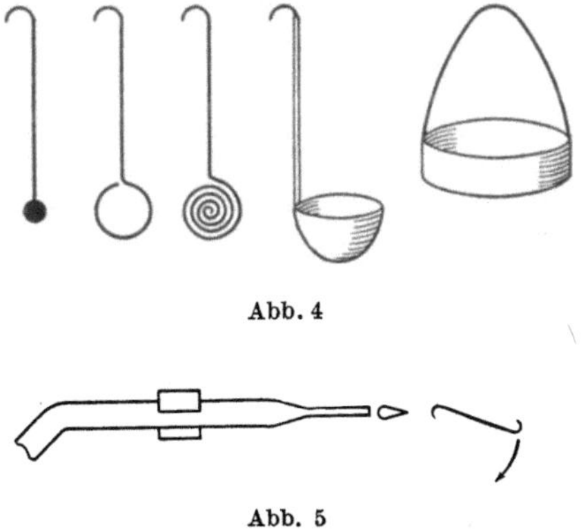

Abb. 4

Abb. 5

einem Ringe krümmt. Für die Untersuchung fester Fette ist es zweckmäßiger, das zweite Ende zu einem Kügelchen zu formen.

---

[1] Der neben der Bezeichnung des Gerätes angeführte Buchstabe G oder M in Verbindung mit einer Nummer ist die sogenannte Bestellnummer, unter welcher das Gerät im Fachhandel erhältlich ist.

Das Eigengewicht dieser Ösen beträgt bis zu 30 mg, das Fassungsvermögen je nach ihrem Durchmesser 1 bis 8 mg. Für höhere Einwaagen verwendet man die „Spiralöse", die aus einem bis zu 10 cm langen Glasfaden oder Platindraht besteht, der an einem Ende zu einer Spirale gedreht wurde. Sie eignen sich für Einwaagen bis zu 30 mg.

Die Mikroflamme soll nicht viel länger als 0,5—1 cm sein.

Platin- oder Stahlösen (G 2a, G 2b)

Der Vorteil solcher Ösen liegt darin, daß sie unzerbrechlich sind und also wiederholt verwendet werden können. Man kann sich ganze Sätze mit abgestuftem Fassungsinhalt herstellen. Geschlossene Ösen werden an der Mikroflamme mittels eines platinbewehrten Hämmerchens auf einem Quarzplättchen verschweißt.

Capillarpipetten (G 1) Abb. 6

Anwendung. Zur Dosierung geringer Flüssigkeitsmengen (Tropfen).

Herstellung. Man schneidet ein ungefähr 15 cm langes Glasrohr (d = 0,5 cm) ab und erhitzt den mittleren Teil in der Bunsenbrennerflamme bis zur schwachen Rotglut. Dann zieht

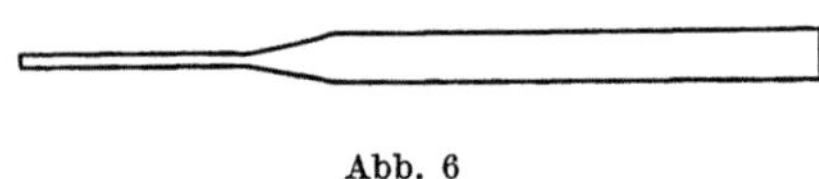

Abb. 6

man außerhalb der Flamme auf eine Länge von 30 cm aus und teilt in 2 Hälften. Die so erhaltenen zwei Capillaren werden am breiten Ende, dem Mundstück, vorsichtig abgeschmolzen.

Tüpfelplatte (G 3)

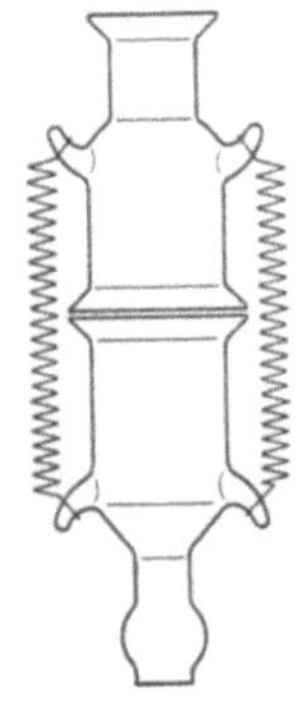

Abb. 7

Anwendung. Bei der Tüpfelanalyse.

Beschreibung. Die Tüpfelplatte besteht aus Porzellan, durchsichtigem oder schwarzem Glas. Ihre Vertiefungen haben einen Durchmesser von ungefähr 2 cm.

Reaktionsaufsatz (G 4) Abb. 7

Anwendung. Der Reaktionsaufsatz findet bei Nachweisen Anwendung, bei denen die nachzuweisenden Stoffe aus dem Probenmaterial gasförmig ausgetrieben werden können. Das im Reaktionsaufsatz befindliche, mit der Reagenslösung getränkte Filtrierpapier ermöglicht den Nachweis der hier angereicherten Verbindung.

Beschreibung. Der Aufsatz hat einen Durchmesser von etwa 1,5 cm. Zwischen den abgeschliffenen Randflächen dieses zweiteiligen Gasfilteraufsatzes wird mit Hilfe zweier Federn die Filtrierpapierscheibe befestigt.

Spitzbecher (G 5) Abb. 8

Anwendung. Universell verwendbar ist der Spitzbecher, der sich für fast alle präparativen und analytischen Operationen außerordentlich bewährt hat. Er besitzt einen breiten Rand zum Einhängen in die Halteringe oder in die Zentrifuge. Im Haltering oder auch zwischen den Fingerkuppen läßt sich der Spitzbecher, ohne daß er beschmutzt wird, anfassen und handhaben. Im unteren Drittel ist der eprouvettenweite Spitzbecher zu einer stumpfen Spitze ausgezogen. Die Bodenfläche ist jedoch noch so weit gehalten, daß die handelsüblichen Filterstäbchen (G 25, G 26) bis an den Boden hinabreichen. Der Boden selbst ist ganz leicht eingezogen, was für qualitative Nachweise (Ringbildung von farbigen Niederschlägen) vorteilhaft ist.

Abb. 8

Beschreibung. Durchmesser des Bodens: 12 mm; Höhe: 5 cm; Fassungsvermögen: 7 ml; Gewicht: etwa 5 g.

Daneben werden auch

kleine Spitzbecher (G 5b) Abb. 9

für Titrationszwecke und gravimetrische Bestimmungen (zusammen mit Asbestfilterstäbchen G 24) verwendet. Bei einer Höhe von 3 cm und einem Fassungsvermögen von 3 ml haben sie ein Gewicht von etwa 0,9 g. Sie sind für die Torsionswaage nach GORBACH brauchbar.

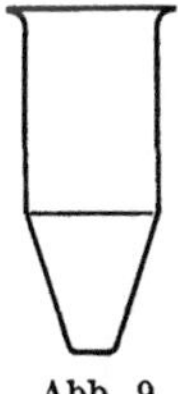

Abb. 9

Mikrobecher (G 5c) Abb. 10

Bei Bearbeitung größerer Flüssigkeitsmengen findet der Mikrobecher Anwendung. Bei einer Höhe von 5 cm und einem Durchmesser von 2 cm hat er ein Fassungsvermögen von 15 ml.

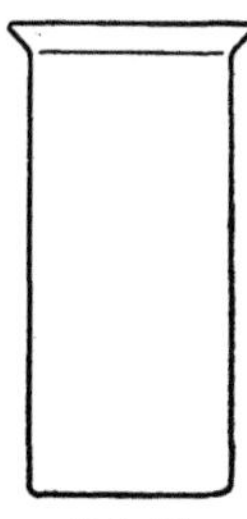

Abb. 10

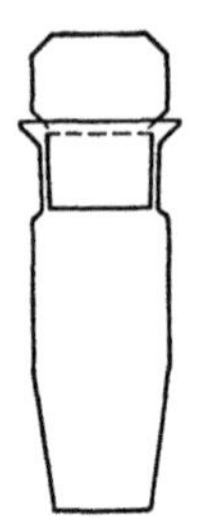

Abb. 11

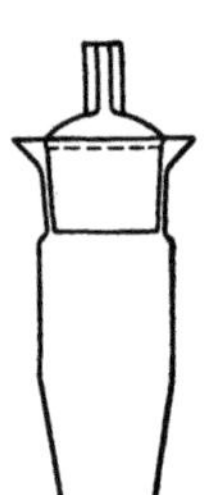

Abb. 12

Spitzbecher mit Schliffstopfen (G 6a) Abb. 11

Anwendung. Sie werden überall dort verwendet, wo ein Verdunsten der Reagentien vermieden werden soll, vor allem in der Jodometrie. Die Handhabung ist dieselbe wie beim Schliffkölbchen (S. 15).

Spitzbecher mit Schliffstopfen für Druckreaktionen (G 6b) Abb. 12

Wenn der Schliffspitzbecher mit einer Feder versehen wird, kann er als einfache Druckeinrichtung verwendet werden. Soll höherer Druck angewendet werden, können Spitzbecher als Mikroautoklav dienen (siehe M lk).

Diese Spitzbecher besitzen einen besonderen Schliffaufsatz. Der Schliffstopfen ist mit einer Capillare versehen, die als Sicherheitsventil wirkt. Mittels Ring und einem Aluminiumplättchen werden Schliffstopfen und Spitzbecher fest zusammengeschraubt.

Mikrorührstäbchen (G 7)

Beschreibung. Das Rührstäbchen hat eine Länge von 7—10 cm und einen Durchmesser von 2—2,5 mm. Die beiden Enden werden rund abgeschmolzen.

Siedestäbchen (G 8) Abb. 13

Beschreibung. Von einer 2 mm starken Capillare schneidet man ein etwa 6 cm langes Stückchen ab. Das eine Ende schmilzt man durch kurzes Einhalten in die Mikroflamme leicht ab, um ein Verkratzen der Gefäßwände zu verhindern. Etwa 4 mm von diesem Ende entfernt läßt man nun über der scharfen Mikroflamme unter fortwährendem Drehen das Glas zusammenfließen. Hierauf wird das zweite Ende der Capillare zugeschmolzen.

Glasdeckel (G 9) Abb. 14

Beschreibung. Der runde Glasdeckel mit einem Durchmesser von 25 mm und einer Höhe von 10 mm dient als Verschluß für Spitzbecher, Mikrobechergläser usw. gegen Verschmutzung oder Verdunsten.

Abb. 13

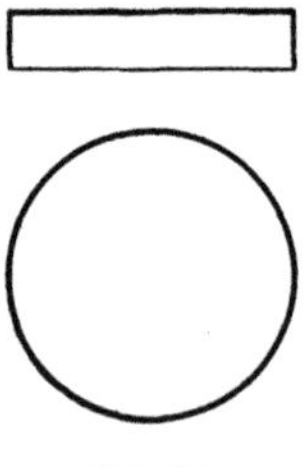

Abb. 14

Glasdeckel mit Loch (G 10) Abb. 15

Der vorstehend beschriebene Glasdeckel besitzt in der Mitte ein 5 mm
breites Loch. Dieses erlaubt, in der
zugedeckten Probe ein Rührstäbchen oder Siedestäbchen zu belas-
sen.

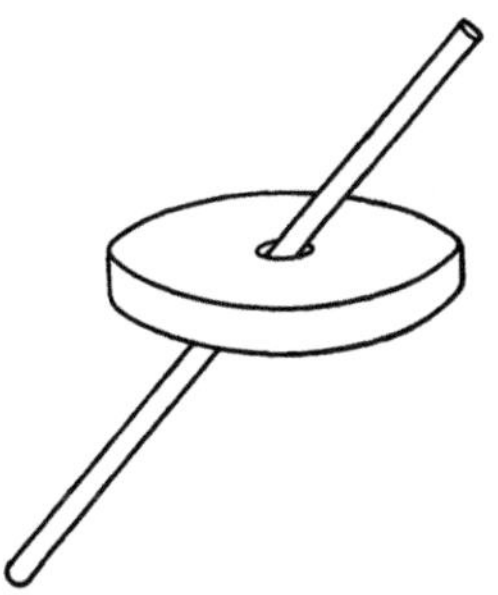

Abb. 15

Kühlerkugel (G 11) Abb. 16

Anwendung. Die Kühlerkugel wird
während des Lösens oder Auf-
schließens einer Substanz auf den Spitzbecher
aufgesetzt, um ein Verdunsten des Inhalts weitgehend zu verhindern. Zur Verstärkung der Kühlwirkung kann man in das oben offene Kügelchen
Wasser einfüllen. Das Lösungsmittel tropft an dem
Häkchen wieder zur Probe zurück. Durchmesser:
1,8 cm; Höhe: etwa 3,5 cm.

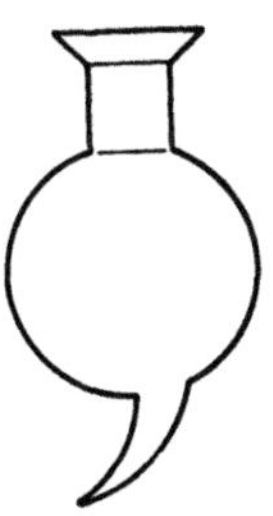

Abb. 16

Haltering (G 12a) Abb. 17

Anwendung. Der Haltering dient zum Aufstellen
der Spitzbecher während des Arbeitens. Er verhindert, daß sie umfallen. Außerdem lassen sich die
Spitzbecher damit ohne Berührung transportieren, da sie durch den überstehenden Rand
beim Hochheben des Ringes hängen bleiben.
Durchmesser: 25 mm; Höhe: 30 mm.

Haltering klein (G 12b)

In derselben Form, nur entsprechend kleiner,
sind die Halteringe für die kleinen Spitzbecher
(G 5b) gefertigt. Höhe: 20 mm;
Durchmesser: 15 mm.

Abb. 17

Schliffkölbchen (G 13) Abb. 18

Anwendung. Für Fermentansätze im Mikro-
maßstab. Titration unter leichtem Schwenken
des Kölbchens. Erst kurz vor dem Titrations-
punkt wird mit dem Stopfen verschlossen und
gut durchgeschüttelt.
Beschreibung. Durchmesser: 2 cm; Höhe:
5 cm; Inhalt: 2,5 ml.

Abb. 18

Extraktionskölbchen (G 14) Abb. 19

Anwendung. Das Extraktionskölbchen verwendet man im Mikroextraktor zum Auffangen des Extraktes.

Beschreibung. Das Kölbchen ist aus dünnem Glas gefertigt und hat ein Gewicht bis zu 1 g. Zum leichteren Anfassen mit der Pinzette ist am Rand ein Häkchen angebracht. Fassungsvermögen: etwa 3 ml.

Verseifungskölbchen (G 15) Abb. 20

Anwendung. Bei der Bestimmung des Unverseifbaren.

Beschreibung. Kleinere Ausführung des Extraktionskölbchens mit einem Fassungsvermögen von etwa 1 ml.

Handhabung. In diesem kleinen Kölbchen wird verseift und hierauf mittels Filtrierpapierhebers das Unverseifbare in das Extraktionskölbchen überführt.

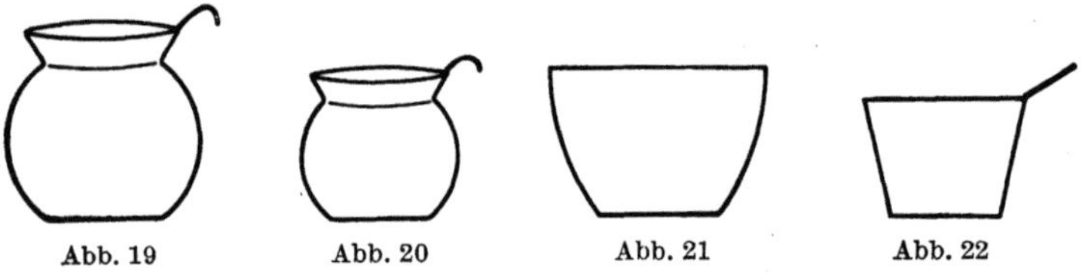

Abb. 19   Abb. 20   Abb. 21   Abb. 22

Mikro-Porzellantiegel (G 16) Abb. 21

Beschreibung. Die Mikro-Porzellantiegel Nr. 79 von der Berliner Porzellan-Manufaktur haben dieselbe Form wie die bei Makroverfahren üblichen Tiegel und besitzen ein Fassungsvermögen von 1 ml. Von der hohen Form ist abzuraten, da sie schwer zu handhaben ist.

Mikrotiegel aus Platin (G 17) Abb. 22

Anwendung. Von ähnlicher Form sind die Platintiegel. Auch sie werden für Fällungen, zum Eindampfen, Wiederauflösen sowie Glühen von Niederschlägen verwendet.

Beschreibung. Höhe 7 mm, obere Weite 13 mm, Fassungsvermögen 0,5 ml, Gewicht etwa 1 g. Zum leichteren Anfassen mit der Pinzette besitzen sie am oberen Rand eine kleine Lasche.

Präzisionspipette mit automatischem Nullpunkt (G 18) Abb. 23

Inhalt: 1, 2, 5, 10 ml.

Anwendung. Die Präzisionspipetten mit automatischem Nullpunkt sind eine Weiterentwicklung der bekannten Präzisionspipetten nach F. Pregl und dienen zum raschen und genauen Abmessen von Flüssigkeiten, deren spezifisches Gewicht nicht wesentlich höher oder niedriger als das des Wassers ist.

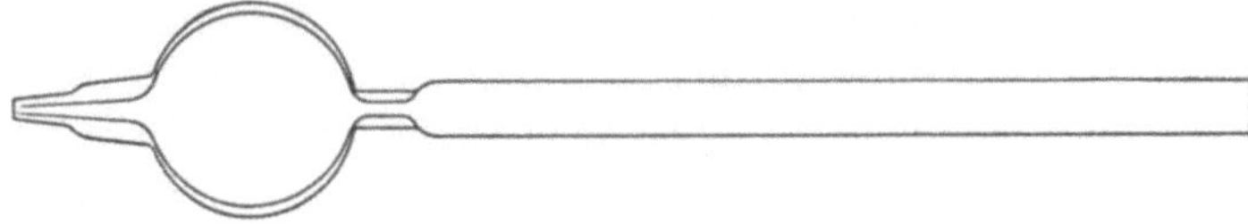

Abb. 23

Beschreibung. Durch die besondere Form dieser Pipette stellt sich der Spiegel der Flüssigkeit selbsttätig immer auf die Nullmarke ein, und somit ist jeder Ablesefehler ausgeschaltet. Ein Ausfließen ist nicht zu befürchten. Man kann daher die Spitze der Pipette ruhig mit einem Stückchen Filtrierpapier abwischen. Die Pipetten sind für 20° auf Ausguß geeicht.

Handhabung. Die Pipette wird durch Ansaugen mit dem Mund gefüllt; man hält sie frei in der Hand *ohne* Auflegen der Fingerkuppe auf den Pipettenhals so lange, bis sich die Flüssigkeit selbst auf die Nullmarke eingestellt hat. Die Spitze der Pipette reinigt man mit etwas Filtrierpapier. Hierauf wird die Pipette senkrecht gehalten und die Flüssigkeit durch einen leichten Stoß zum Ausfließen gebracht; auch durch leichtes Blasen kann nachgeholfen werden. Nach einer Wartezeit von 15 sec wird dann der Rest aus der Pipette vorsichtig ausgeblasen, wobei man die Spitze der Pipette an die Gefäßwandung anlegt, um ein Verspritzen zu verhindern.

Präzisionsauswaschpipette nach F. Pregl (G 19) Abb. 24

Inhalt: 0,1, 0,2, 0,5, 1,0 und 2,0 ml.

Beschreibung. Die Präzisionsauswaschpipette ist eine auf Einguß geeichte Pipette.

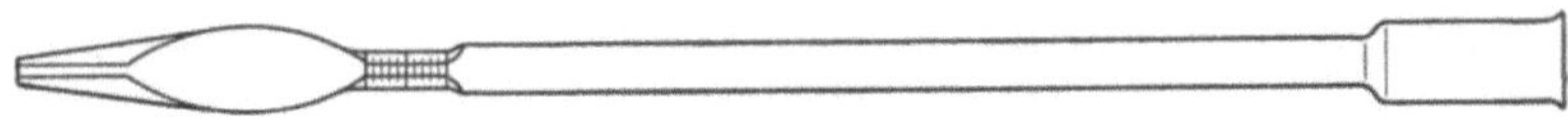

Abb. 24

Handhabung. Man saugt die abzumessende Flüssigkeit bis etwas über die in der Capillare angebrachte Marke auf (aber nicht in den erweiterten Teil!) und hält die Pipette sofort waagrecht. Ein

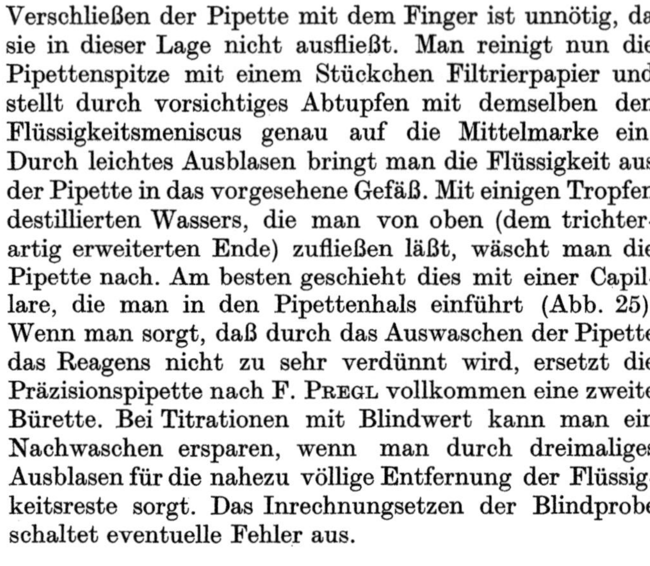

Abb. 25

Verschließen der Pipette mit dem Finger ist unnötig, da sie in dieser Lage nicht ausfließt. Man reinigt nun die Pipettenspitze mit einem Stückchen Filtrierpapier und stellt durch vorsichtiges Abtupfen mit demselben den Flüssigkeitsmeniscus genau auf die Mittelmarke ein. Durch leichtes Ausblasen bringt man die Flüssigkeit aus der Pipette in das vorgesehene Gefäß. Mit einigen Tropfen destillierten Wassers, die man von oben (dem trichterartig erweiterten Ende) zufließen läßt, wäscht man die Pipette nach. Am besten geschieht dies mit einer Capillare, die man in den Pipettenhals einführt (Abb. 25). Wenn man sorgt, daß durch das Auswaschen der Pipette das Reagens nicht zu sehr verdünnt wird, ersetzt die Präzisionspipette nach F. PREGL vollkommen eine zweite Bürette. Bei Titrationen mit Blindwert kann man ein Nachwaschen ersparen, wenn man durch dreimaliges Ausblasen für die nahezu völlige Entfernung der Flüssigkeitsreste sorgt. Das Inrechnungsetzen der Blindprobe schaltet eventuelle Fehler aus.

Graduierte Capillarpipette (G 20) Abb. 26

Die Capillarpipetten für 0,1 und 0,2 ml Inhalt haben eine Einteilung in μl. Sie sind bei 20° C auf Einguß geeicht.

Anwendung. Sie sind nur zum Abmessen von Reagentien verwendbar. Sie können Fehler bis zu mehreren μl aufweisen.

Abb. 26

Wägepipette (G 21) Abb. 27

Anwendung. Wägepipetten werden in mehreren Ausführungen mit einem Inhalt von $^1/_{10}$, $^1/_{15}$ und 1 ml geliefert.

Abb. 27

Sie sind vornehmlich für die Bestimmung des spezifischen Gewichtes an der mikroanalytischen Waage brauchbar. Um ein Verdunsten des Wassers (bei der Bestimmung des Wasserwertes) bzw. der zu prüfenden Flüssigkeit zu verhindern, verschließt man die

Spitze während des Abwägens mit einem Capillarröhrchen und Gummischläuchchen. Die Bestimmung ist bei größeren Volumina bis auf die 5. Dezimale möglich. Die Wägepipetten sind auch zum Abwägen von größeren Flüssigkeitsmengen als Einwägebehelf ausgezeichnet brauchbar. Hat man Flüssigkeiten exakt abzumessen, so geschieht dies zweckmäßig durch Abwägen auf der Mikrowaage. Den Instrumenten ist ein Eichschein beigegeben, auf dem das Volumen und das Eigengewicht vermerkt ist.

Die Fa. Paul Haack *(2)* bringt Präzisionspipetten mit entsprechendem Glasverschluß in den Handel.

Meßgefäße (Flüssigkeitsmengen von 0,1—0,2 ml)

Zum Abmessen bestimmter Flüssigkeitsmengen für die Herstellung verschieden konzentrierter Lösungen werden in der Mikrochemie, wie auch sonst üblich, auf Einguß geeichte Meßkölbchen verwendet, die zur Marke aufgefüllt werden. Je kleiner die Kölbchen sind, desto ungenauer ist diese Messung, da aus begreiflichen Gründen der Durchmesser des die Marke tragenden Halses nicht beliebig verengt werden kann. Wir verwenden daher für diese Zwecke die vorstehend beschriebenen Nullpunkts- und Wäge- pipetten. Diese bieten auf Grund des capillaren Halses die Möglichkeit der exakten Messung kleiner Flüssigkeits- mengen. Mit Hilfe der Wägepipette und der beim Capillarcolorimeter (S. 53) beschriebenen vereinfachten Membran- pumpe ist es möglich, Lösungen vom Volumen 0,1 bis 0,2 ml herzustellen.

Anwendung. Wie die Abb. 28 zeigt, wird die Membranpumpe bzw. der Gummilutscher und der Ring der Mem- branpumpe am oberen Ende der Pipette befestigt, wodurch man wie bei der Fil- trierpipette (Abb. 39) die Möglichkeit hat, Flüssigkeiten aufzusaugen und ab- zustoßen. Die Lösung wird in einem Spitzbecher mit einer nicht ausreichen- den Menge an Wasser bzw. Lösungs- mittel hergestellt. Bei schwer zu lösen- den Substanzen nimmt man diese Lösung unter dem Mikrohaubenrück- flußkühler (Abb. 49, 50) bei höherer

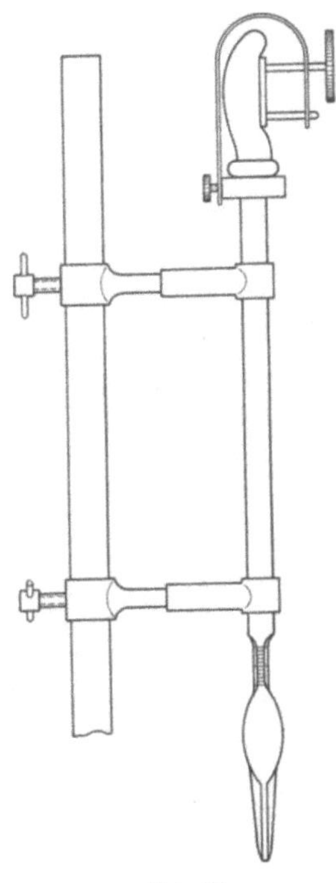

Abb. 28

2*

Temperatur vor, bei flüchtigen Lösungsmitteln im Schliffspitzbecher. Diese Lösung wird nun durch Betätigen der Membranpumpe in die Pipette aufgesaugt. Man wäscht den Spitzbecher mit
Wasser bzw. Lösungsmittel aus der Spritzpipette (Abb. 45) nach
und saugt diese Lösung in die Pipette. Diesen Vorgang wiederholt man so oft, bis die Marke der Pipette erreicht ist. Dann wischt
man die abgeschliffene Spitze ab, drückt die Lösung durch Betätigen der Pumpe in einen reinen, trockenen Schliffspitzbecher
und mischt durch Schütteln nach Aufsetzen des Stopfens gut
durch.

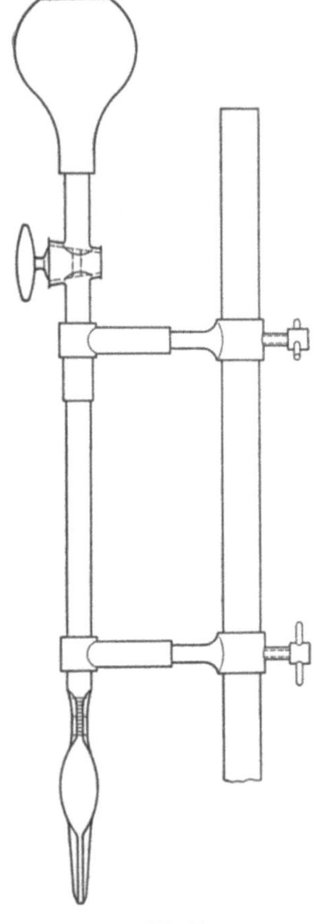

Abb. 29

Meßgefäße (für Flüssigkeitsmengen von 0,5—10 ml) Abb. 29

In analoger Weise können solche
Lösungen mit Hilfe der Nullpunktspipette hergestellt werden. Hier verwendet man die Auswaschpipette, an
die ein Zwischenstück mit einem Zweiweghahn und einer Evakuierbirne aufgesetzt wird.

Anwendung. Die Pipette wird durch
Ausdrücken der Birne evakuiert und
die Lösung aufgesaugt, wobei die Ein-
ziehgeschwindigkeit der Lösung durch
Drehen des Hahnes geregelt werden
kann. Sonst geht man in gleicher Weise
wie oben beschrieben vor. Schließt man
an die Pipette ein Papierfilterstäbchen
an (Abb. 32), so besteht die Möglichkeit, die Lösung von unlöslichen An-
teilen zu befreien; verwendet man wäg-
bare Asbestfilterstäbchen (Abb. 34), so
kann der unlösliche Anteil analytisch
bestimmt werden.

Membran-Mikrobürette (G 22) Abb. 30

Beschreibung. Fassungsvermögen:
0,200 ml; Einteilung in 200 Teile; ablesbar: 1 Mikroliter.

Die Mikrobürette besteht aus einem
Meßteil, einer abnehmbaren Spitze und
einer abnehmbaren Membranpumpe.
Um Temperatureinflüsse zu vermeiden,

ist der gesamte Meßteil mit einem evakuierten Glasmantel umgeben. Zur Erleichterung der Ablesung und Vermeidung von Parallaxenfehlern ist die Bürette mit Ringteilung versehen. Mit Hilfe einer verschiebbaren Zweifachlupe kann man leicht die Zehntelmikroliter abschätzen. Die auswechselbare Auslaufspitze besteht aus einem engen Capillarrohr, dessen Ende nicht ausgezogen, sondern schwach konisch verlaufend zur Spitze abgeschliffen ist. Damit ist einerseits die Bruchgefahr vermindert, andererseits die Entnahme kleinster Flüssigkeitsmengen erleichtert. Die Verbindung mit dem Meßteil besorgen zwei Stahlfedern.

Als Pumpe dient eine Membranpumpe, die aus einem Vakuumtopf und einem Verschlußdeckel mit einer Mikrometerschraube besteht. Zwischen beiden Teilen ist mittels 4 Schrauben eine 1 mm starke Paragummischeibe vollkommen luftdicht eingespannt.

Sollte die Pumpe undicht werden, was sich am selbständigen Auslaufen der Flüssigkeit bemerkbar macht, so kann man sie leicht selbst reparieren. Man schneidet aus Paragummi eine entsprechend große Scheibe und stanzt mit einem 4 mm starken Locheisen vier Löcher für die Schrauben. Als Unterlage verwendet man dabei das Hirnholz eines Holzblockes.

Die Membranpumpe wird ohne Schliffverbindung mit KRÖNIGschem Glaskitt (ein Teil Wachs, vier Teile Colophonium) direkt auf den Meßteil aufgekittet. Zu diesem Zweck schmilzt man den Glaskitt, bestreicht die Schliff-Fläche und setzt die am Aufsatzteil leicht erwärmte Pumpe durch leichtes Andrücken auf. Die Pumpe kann durch leichtes Erwärmen der Kittstelle über einem kleinen Flämmchen jederzeit leicht abgenommen werden. Will man die Bürette transportieren, muß sowohl die Pumpe als auch die Bürettenspitze entfernt werden.

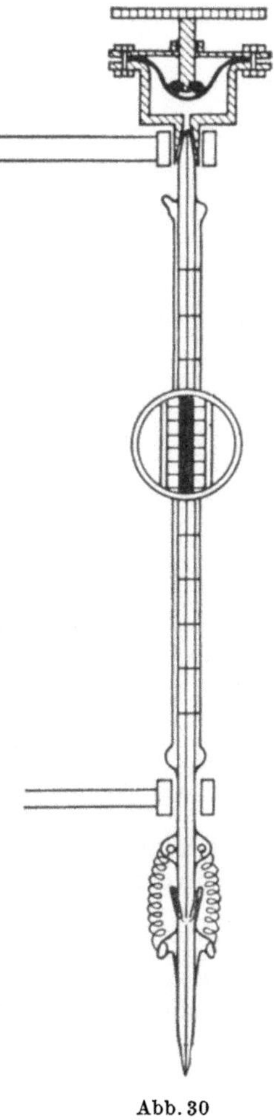

Abb. 30

Handhabung. Die Titration mit der Membran-Mikrobürette. Die zur Titration erforderlichen Maßlösungen werden von den Stammlösungen in kleine, etwa 10 ml fassende Reagentienfläschchen abgefüllt, die nur so hoch sind, daß man mit der Spitze der Bürette bis nahe an den Boden gelangen kann. Zunächst schraubt man mit dem Handrad die Mikrometerschraube nieder und spannt damit die Gummimembran im Pumpentopf, so daß beim Hochschrauben ein Vakuum entsteht, wodurch die Bürette gefüllt wird. Die Füllung wird so vorgenommen, daß man die Spitze etwa 1 cm tief in die Maßlösung eintauchen läßt und durch Hochschrauben der Pumpe die Flüssigkeit in der Bürette bis etwas über die Nullmarke hochsaugt. Mit einem Stückchen Filtrierpapier reinigt man nun die Bürettenspitze und zieht durch kurzes Abtupfen mit Filtrierpapier oder dem Mikrorührstäbchen die überstehende Flüssigkeit ab, bis die Einstellung auf die Nullmarke erreicht ist. Die Titration wird am besten so vorgenommen, daß man zunächst die Maßflüssigkeit durch Betätigung der Membranpumpe langsam abtropfen oder an der Spitzbecherwand der Probe zufließen läßt (Abb. 31). Mit dem Mikrorührstäbchen mischt man die Reagentien. Kurz vor dem Umschlagspunkt betätigt man die Pumpe nicht mehr, sondern zieht mit einem Glasstäbchen Bruchteile eines Tropfens von der Bürettenspitze ab und rührt diese in die Probe ein. So ist es möglich, auf Zehntelmikroliter zu titrieren.

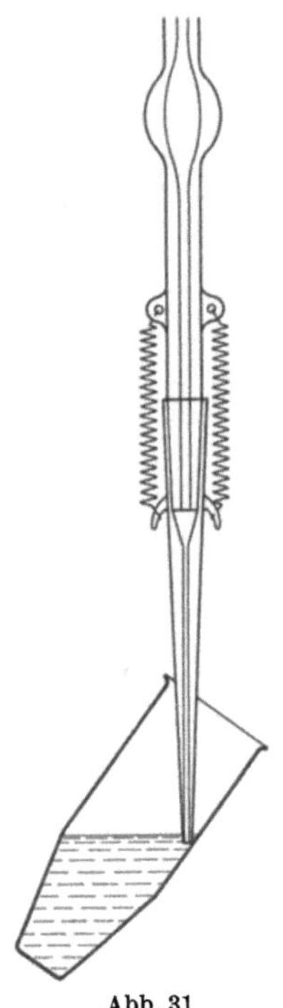

Abb. 31

Arbeitet man im Schliffspitzröhrchen, dann zieht man die letzten Mikroliter mit dem Schliffstopfen ab und schüttelt die Probe nach Aufsetzen des Stopfens gut durch.

Filterstäbchen

Anwendung. Bei der umgekehrten Filtration (Stäbchenmethode) in Verbindung mit der Filtrierglocke oder der Filtrierpipette.

1. Papierfilterstäbchen (G 23) Abb. 32

Sie finden vor allem bei Analysen Anwendung, bei denen der Niederschlag maßanalytisch verwertet wird.

Beschreibung. Die Filterstäbchen sind aus Glas gefertigt und besitzen einen zylindrischen Kopf, in den man das Röllchen aus

Filtrierpapier einschiebt. Die Länge des Kopfes beträgt ungefähr 8 mm, die innere Weite 3—6 mm, je nach Verwendungszweck.

Herstellung des Filters. Man schneidet sich aus dickem, weichem Filtrierpapier (Schleicher & Schüll Nr. S 589) ein ungefähr 1 cm breites und 2—3 cm langes Streifchen. Zwischen zwei Fingerkuppen rollt man dieses zu einem nicht allzu festen Röllchen, das sich gerade in den Kopf des Filterstäbchens einschieben lassen soll. (Hat man die richtige Länge des Papierstreifens ermittelt, ist es vorteilhaft, sich einen größeren Vorrat nach diesem Maß zu schneiden.) Das Röllchen soll nun so im Filterstäbchen sitzen, daß es 1—2 mm herausragt und mit dem Daumennagel breitgedrückt werden kann. Dadurch wird die Filterfläche größer und das Filter dichter. Zur Prüfung auf ausreichende Filtrationsgeschwindigkeit bei Dichtheit

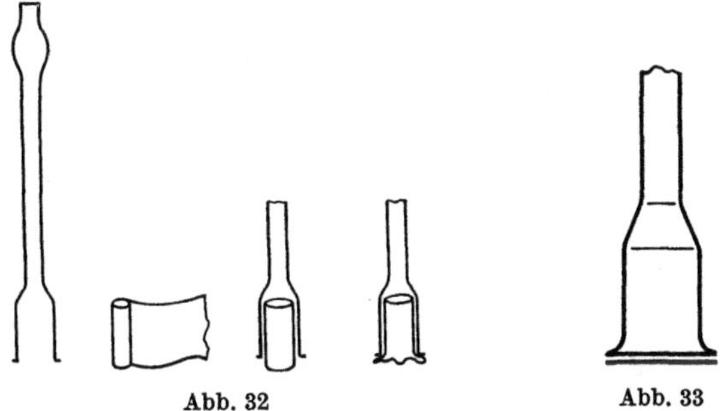

Abb. 32   Abb. 33

saugt man destilliertes Wasser durch das Filter. Eine Filtrationsgeschwindigkeit von 0,5—1 ml pro Minute ist im allgemeinen am günstigsten. Filtrierpapier ist wegen seiner Hygroskopizität schwer gewichtskonstant zu halten, daher wird man bei gravimetrischen Arbeiten auf die unten beschriebenen Filterstäbchen zurückgreifen. Schleift man den unteren Rand des Kopfes auf einer Schmirgelscheibe plan, so sind diese Stäbchen sehr gut für Niederschläge geeignet, die in geglühter Form zur Auswaage gelangen. Man erzeugt den Niederschlag im Mikroporzellan- oder Platintiegel und filtriert über ein am Kopf des Filterstäbchens (Abb. 33) angesaugtes, angefeuchtetes Filterscheibchen aus aschefreiem Filtrierpapier ab. Nach der Filtration zieht man das Scheibchen mit der Pinzette ab und verascht dieses mit dem Niederschlag.

2. *Asbestfilterstäbchen* (G 24) Abb. 34

Beschreibung. Das Filterstäbchen wird aus Glas gefertigt, der Kopf desselben mit einer Asbestfiltermasse gefüllt.

Herstellung (Abb. 34). Will man sich das Glasstäbchen selbst herstellen, schmilzt man unter ständigem Drehen das eine Ende einer 5 cm langen und etwa 1 mm weiten Capillare in der Flamme zu und bläst es schließlich zu einem kleinen Kügelchen auf. Nun erwärmt man wieder unter fortwährendem Drehen des Stäbchens und bläst unter Wiederholung des Vorganges schließlich ein Kügelchen, das nun einen Durchmesser von 3—6 mm hat. Dann wird das äußerste Ende der Kugel zur Rotglut erhitzt, kräftig ausgeblasen, so daß eine hauchdünne Glasblase entsteht, die abgeschlagen wird. Unter Drehen des Stäbchens in der Flamme werden die Ränder eingeschmolzen.

Am anderen Ende des Stäbchens bläst man eine „Olive", damit das Gummischläuchchen (Fahrradventil) dicht aufgebracht werden

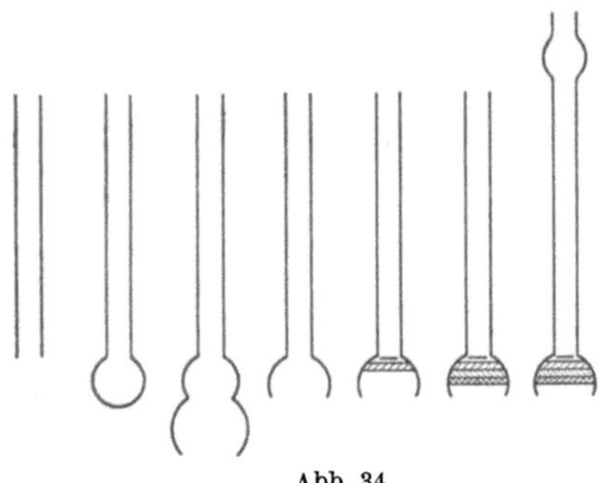

Abb. 34

kann. Die einzelnen Phasen der Herstellung gibt die Abbildung wieder (Abb. 34).

Herstellung der Filterschicht. Für diese wird am besten gereinigter Goochtiegel-Asbest (Merck, Darmstadt) verwendet.

Zunächst verschließt man die Öffnung des Filterköpfchens gegen den Schaft mit einer größeren Asbestfaser, dann zerkleinert man Asbest in einer Reibschale und schwemmt ihn in einem Becherglas in destilliertem Wasser auf. Die groben Fasern sinken gleich zu Boden. Man dekantiert in ein zweites Becherglas ab und wartet kurze Zeit, bis sich wieder die gröberen Teile zu Boden gesenkt haben und nur mehr die feinsten Filterteilchen schwebend die Flüssigkeit trüben. Man dekantiert in ein drittes Becherglas ab und erhält so drei Filterschichten, die alle in Wasser aufgeschwemmt werden. Nun wird das Filterstäbchen mittels eines Gummischläuchchens (Fahrradventilschlauch) an der Filterglocke (G 28) (Abb. 38) befestigt und die erste (gröbste) Schicht so lange aufgesaugt, bis sich eine 0,5—1 mm starke Aufschwemmung gebildet hat. Darauf saugt man eine gleich starke Schicht vom mittelfeinen Asbest und zuletzt bringt man die feinste Schicht auf. Die feinen Asbestteilchen verfilzen sich mit der Unterlage und gegeneinander. Diese letzte Schicht ist für die Filtrationsgeschwindigkeit in erster Linie ausschlaggebend. Die Filtrationsgeschwindigkeit kann man auch während des Aufbringens der letzten Schicht prüfen. Man saugt reines destilliertes Wasser durch und beobachtet die Tropfenzahl des Filtrates. Für Bariumsulfat-Filtration zum Beispiel wird man eine Tropfenanzahl von 1—2 Tropfen in der Sekunde, für die üblichen quantitativen Zwecke 5—6 Tropfen, für präparative Arbeiten entsprechend mehr wählen. Verluste von Filterfasern und dadurch Gewichtsinkonstanz sind nicht zu befürchten.

Von den Filterstäbchen erzeugt man sich gleich einen größeren Vorrat.

Zur Reinigung der fertigen Filterstäbchen werden diese ungefähr 5 min lang mit Chromschwefelsäure behandelt. Man saugt kalte Chromschwefelsäure in den Filterkopf, hält ihn in heißes Wasser und saugt an der Filtrierglocke ab. Der gleiche Vorgang wird mit Salpetersäure wiederholt. Nach reichlichem Waschen mit destilliertem Wasser wird Alkohol und zuletzt Äther durchgesaugt. Die getrockneten Filterstäbchen werden für den Gebrauch verschlossen aufbewahrt. Asbestfilterstäbchen aus Quarz können geglüht werden. Will man die Stäbchen glühen, so läßt man am besten vom Glasbläser eine größere Anzahl aus Quarz herstellen. Die Stäbchen sind nach dieser Behandlung gewichtskonstant und können dem Filtrationsgefäß angepaßt werden. Sie sind besonders für gravimetrische Analysen an der GORBACH-Waage geeignet. Diese Waage kann bis 2 g belastet werden. Kleine Spitzröhrchen aus dünnem Glas sind samt Filterstäbchen kaum schwerer als 1 g, so daß die Belastbarkeit der Waage völlig ausreicht.

3. *Glasfrittenfilter* (G 25) Abb. 35

Beschreibung. Am Kopf der Filterstäbchen ist eine Filterplatte angebracht, die in zweierlei Porengrößen geliefert wird: 91 G 3 für gröbere und 91 G 4 für feinere Niederschläge. Die Stäbchen besitzen einen sehr langen Schaft, der vom Benützer selbst auf die gewünschte Länge abgeschnitten werden kann. Ein Stäbchen von 5—6 cm Länge wiegt bei einem Durchmesser der Filterplatte von 9 mm etwa 1—2 g. Filterstäbchen mit 3 mm großer Filterplatte, die für kleinere Gefäße hergestellt werden, sind freilich etwas leichter, weisen aber eine geringere Filtriergeschwindigkeit auf. Selbstverständlich dürfen die Stäbchen nicht geglüht werden. Sie finden Anwendung bei Niederschlägen, die im Trockenschrank getrocknet oder die wieder aufgelöst werden.

Quarzfilterstäbchen. Diese Filterstäbchen mit entsprechender Quarzfilterplatte sind zum Glühen von Niederschlägen bestimmt. Bei hohen Glühtemperaturen

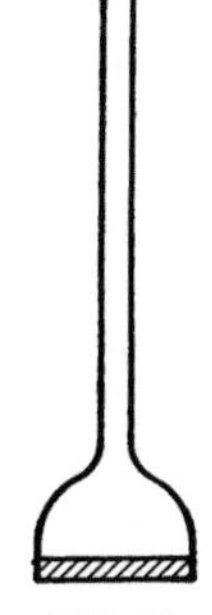

Abb. 35

bewähren sie sich nicht. Auch sonst weisen sie mangelnde Gewichtskonstanz auf.

4. *Porzellanfilterstäbchen* (G 26) Abb. 36

Beschreibung. Die staatliche Porzellanmanufaktur Berlin stellt Porzellanfilterstäbchen mit einer Filterplatte aus porösem Berliner Porzellanmanufaktur G 4 Ton her. Das Gewicht der Stäbchen beträgt durchschnittlich 1,5 g.

Anwendung: Diese Filterstäbchen filtrieren sehr rasch und sind für jede Art von Niederschlägen undurchlässig. Gegen verdünnte Säuren, aber auch konzentrierte Salz- und Salpetersäure sind sie widerstandsfähig, ebenso verursacht Ammoniak kaum Verluste an Gewicht. Heiße konzentrierte Schwefelsäure hingegen ist zu vermeiden.

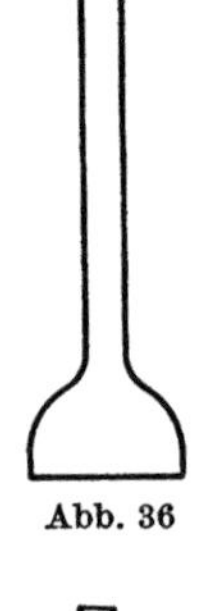

Abb. 36

5. *Platinfilterstäbchen* (G 27) Abb. 37

Anwendung. Bei Niederschlägen, die geglüht werden müssen.

Beschreibung. Diese Filterstäbchen bestehen aus Platin-Iridium-Legierung (nach NEUBAUER). Bei einer Länge von 3,5 und 5,5 cm haben sie ein Gewicht von 1,5 bzw. 3 g. Sie werden von der Firma Heraeus in Hanau hergestellt und sind jahrelang benützbar. Lediglich nach Ausführung vieler Aufschlüsse mit Pyrosulfat oder Soda kommt es vor, daß sie undicht werden. Auch zu rascher Temperaturwechsel ist zu vermeiden.

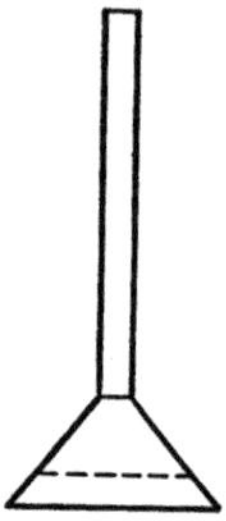

Abb. 37

Filterglocke (G 28) Abb. 38

Anwendung Zur Filtration mit Filterstäbchen und für die Säulenchromatographie.

Beschreibung. Diese Filtereinrichtung besteht aus einer Glasglocke mit Schliffrand, die auf eine ebenfalls geschliffene Glasplatte aufgesetzt wird. Der Schliffoberteil der Glocke besitzt Verbindung mit der Wasserstrahlpumpe. In die Saugleitung wird ein Dreiwegstück aus Glas eingeführt, dessen eine Abzweigung mit einem weichen Gummischlauch versehen ist. In die Glocke ragt ein Capillarrohr, dessen Höhe durch einen Gummistopfen verändert werden kann.

Zum Auffangen des Filtrates wird ein Spitzbecher (G 5a) in die Glocke eingebracht. Um ein Verspritzen zu vermeiden, wird der Spitzbecher schräg gegen die Capillarspitze in den Haltering gestellt. An den Capillarheber der Glocke schließt man nun mittels eines etwa 2 cm langen Fahrradventilschläuchchens das Filterstäbchen (G 23, 24, 25, 26 u. 27) an und führt den in einem Spitzbecher befindlichen, meist auch abzentrifugierten Niederschlag heran. Die Filtrationsgeschwindigkeit kann durch Abklemmen des am Dreiwegstück angeschlossenen Gummischlauches mit der Hand bequem reguliert werden.

Für die Säulenchromatographie wird an Stelle des Hebers in den Gummistopfen eine 1 cm oberhalb des Stopfens abgeschliffene Capillare mit Spitze eingeführt. Auf den Gummistopfen setzt man

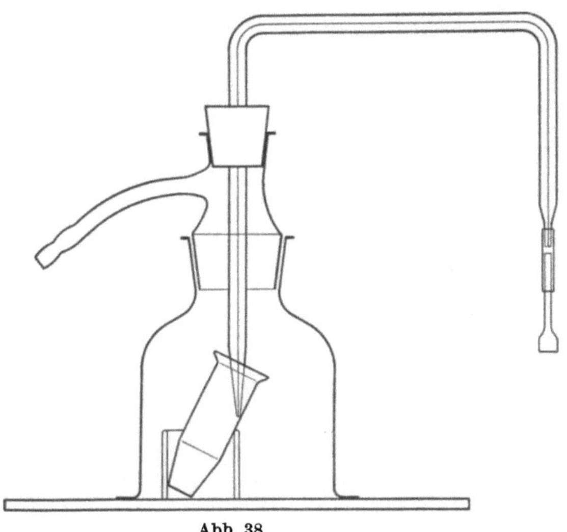

Abb. 38

ein 20 cm langes etwa 1 cm weites, unten abgeschliffenes und am oberen Ende zum Trichter ausgeweitetes Glasrohr auf. In dieses wird Tonerde nach BROCKMANN oder ein anderes Adsorptionsmittel wie üblich gefüllt. Durch den Saugdruck der Wasserstrahlpumpe wird das Glasrohr mit einem geschliffenen Ende am Gummistopfen festgesaugt. Es ist durch Aufheben des Saugdruckes auch wieder leicht abhebbar.

Filtrierpipette (G 29) Abb. 39

Anwendung. Zur Filtration mit Filterstäbchen und für die Säulenchromatographie mittels Capillaren.

Beschreibung. Die Filtrierpipette besteht aus einer Birne wechselnder Größe, einem capillaren, etwa 6 cm langen Unterteil mit schwach konischer Spitze zum Anschluß des Filterstäbchens (G 23, 24, 25, 26, 27) und einem etwa 8 mm weiten Oberteil mit Schwanzhahn und Olive zum Anschluß des Saugschlauches. Um ein Verspritzen des Filtrates in den Oberteil zu verhindern, ist dieses weitere Glasrohr knapp oberhalb der Birne capillar verengt. Man kann hier auch eine Marke anbringen und das Filtrat durch Ansaugen von Waschflüssigkeit bis zur Marke auf ein bestimmtes Volumen bringen. Es ist dann möglich, auch mit einem aliquoten Teil des Filtrates weiter zuarbeiten, wenn man es in ein geeignetes Gefäß abläßt und mischt. Abgesaugt wird an der Filtrierpipette mit einem Gummiballon oder auch mit dem Mund.

Handhabung. Beim Arbeiten mit dem Gummiballon drückt man die Luft im Ballon durch den Schwanzhahn nach außen und stellt dann die Verbindung mit der Pipette her. Nimmt der Saugdruck ab, so läßt sich der Vorgang ohne Störung der Filtration wiederholen. Die Filtriergeschwindigkeit wird durch mehr oder weniger starkes Öffnen des Hahnes geregelt.

Zur weiteren Verarbeitung des Filtrates wird dieses durch Druck auf den Gummiballon aus der Filtrierpipette in ein Spitzröhrchen abgelassen.

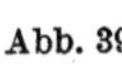

Abb. 39

Mikro-Neubauer-Tiegel (G 30) Abb. 40

Beschreibung. Tiegel aus Platin von der Form eines kleinen Goochtiegels, dessen Filterschicht aus einem festgepreßten Platin-Iridium-Schwamm besteht. Er wird mit Deckel und einer Bodenkappe geliefert. Seine Höhe beträgt 14 mm, sein oberer Durchmesser 12 mm, der untere 10 mm. Gereinigt wird der Tiegel mit heißer Salzsäure (1:1) und dann mit reichlich heißem und kaltem Wasser, zuletzt wird er getrocknet und geglüht. (Beziehbar bei der Fa. Heraeus, Hanau).

Abb. 40

Mikro-Neubauer-Tiegel aus Porzellan mit Sinterboden werden von der Berliner Porzellanmanufaktur hergestellt.

Sie eignen sich weniger zum Glühen und finden daher vornehmlich für Niederschläge Anwendung, die bei Trockenschranktemperaturen getrocknet werden.

Das Gewicht dieses Tiegels beträgt bei einem Inhalt von 1 ml 2 g. Als Absaugvorrichtung dient eine Saugflasche mit Gummistopfen und ein Glasrohr, dem eine Gummimanschette aufgeschoben ist. In diese Manschette wird der Tiegel gesetzt.

Jenaer Filterbecher (G 31) Abb. 41

Beschreibung. Der Filterbecher nach F. EMICH und SCHWARZ-BERGKAMPF besteht aus einem gläsernen Fällungsgefäß, das seitlich einen offenen Einfüllstutzen und einen Filtrierstutzen mit Glasfilterplatte trägt. Durchmesser der Filterplatte: 10 mm. Durchmesser des Bechers: 25 mm. Das Fassungsvermögen des Bechers beträgt ungefähr 10 ml, wovon 7 ml praktisch ausgenutzt werden können. Gewicht des Bechers: 6—7 g.

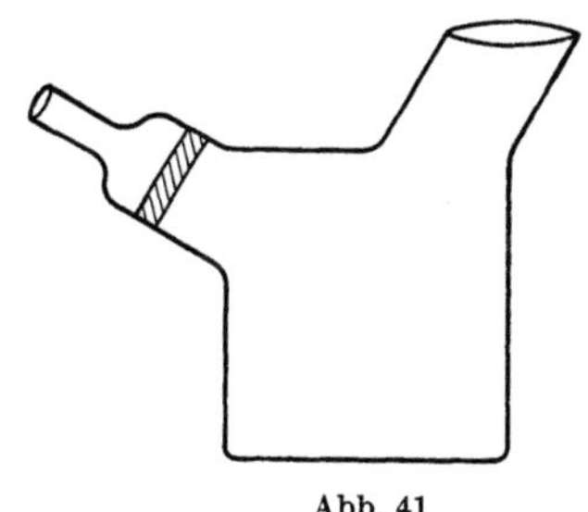

Abb. 41

Anwendung. Der Vorteil des Filterbechers liegt darin, daß der Niederschlag im gleichen Gefäß gefällt, filtriert, getrocknet und gewogen wird.

Handhabung. Man füllt die Probelösungen in den gewogenen Becher ein und fällt den Niederschlag aus. Darauf wird der Filterbecher um 90° gedreht auf die Absaugvorrichtung aufgesetzt und die Flüssigkeit durch die Filterplatte abgesaugt. Es wird nachgewaschen, getrocknet und gewogen.

Es ist auch möglich, mehrere Filterbecher miteinander zu verbinden und auf diese Weise das Filtrat weiter zu verarbeiten. Wegen des hohen Gewichtes kommen Filterbecher nur für größere Mengen von Niederschlägen in Frage. Man kann sich des Filterbechers daher bei Gesamtanalysen mit Vorteil bedienen, indem man mit diesem Filtriergerät beginnt und die weiteren Filtrationen mit den Filterstäbchen und den wesentlich leichteren Spitzröhrchen fortführt.

Mikro-Spritzflasche (G 32) Abb. 42

Beschreibung. Die Mikrospritzflasche faßt zwischen 25 und 50 ml Flüssigkeit. Zum Schutz gegen ein Verunreinigen der Flüssigkeit ist der Kappenteil aufgeschliffen und der Blasansatz mit einem

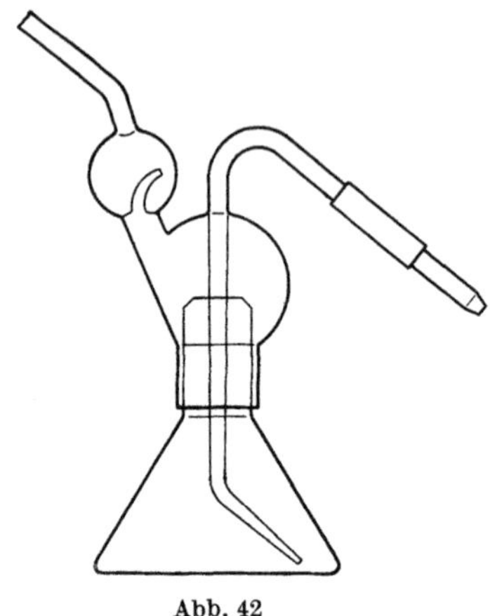

Abb. 42

Speichelschutz versehen. Die capillare Spitze der Spritzflasche ist so fein gehalten, daß der Strahl in einer Entfernung von 2—3 cm zerstäubt.

Spritzpipette (G 33) Abb. 43

Beschreibung. Fassungsvermögen der Pipette 1 ml, Einteilung in 0,1 ml, Fassungsvermögen des Vorratsgefäßes 6 ml.

Handhabung. Man füllt das Vorratsgefäß der Pipette von oben und setzt den Spritzballon auf. Durch Neigen der Pipette läßt man die Flüssigkeit aus der Blase bis zur gewünschten Marke des Meßrohres einfließen, durch Druck auf den Ballon preßt man sie heraus. Mit diesem Strahl kann man leicht Niederschläge von Gefäßwandungen abspritzen. Die

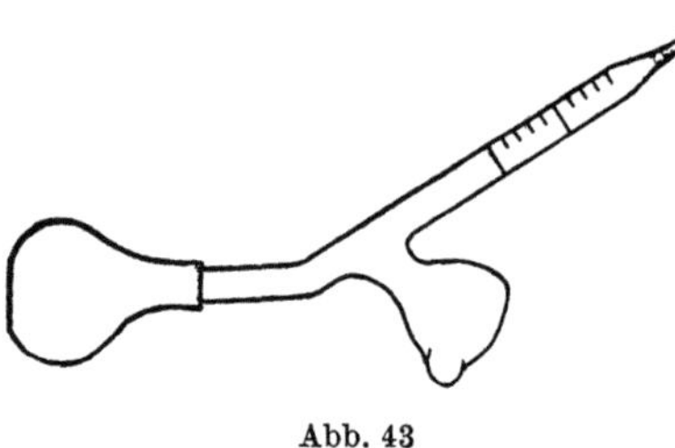

Abb. 43

zum Waschen verwendete Flüssigkeit ist durch die Meßeinteilung kontrollierbar, was besonders bei leichtlöslichen Niederschlägen wesentlich ist. Das Vorratsgefäß besitzt 2 Ausbuchtungen, die beim Abstellen als Stützen dienen. Auch für die Zugabe abgemessener Reagensmengen oder für die Tüpfelanalyse empfiehlt sich die Verwendung dieses Gerätes, das gleichzeitig als Vorratsgefäß benützt werden kann.

Storchenschnabel (G 34) Abb. 44

Anwendung. Zum Ausschütteln kleiner Flüssigkeitsmengen.

Handhabung. Die zu extrahierende Flüssigkeit wird im Spitzröhrchen mit dem Lösungsmittel versetzt. Nach dem Aufsaugen des Gemisches schüttelt man die Pipette kräftig in waagerechter Haltung, wobei das eine Ende der Pipette mit der Fingerkuppe verschlossen wird. Zur klaren Abtrennung der beiden Schichten stellt man die Pipette mit der Ausbauchung nach unten in einem geeigneten Gestell ab. Will man die spezifisch schwerere Flüssig-

keit ablassen, stellt man die mit der Fingerkuppe verschlossene
Pipette senkrecht und läßt die Flüssigkeit abfließen. Die Trennung
der Schichten ist durch die Ausflußcapillare sehr scharf. Will man
die spezifisch leichtere Flüssigkeit abfließen lassen, so braucht
man die Pipette nur schräg zu halten.

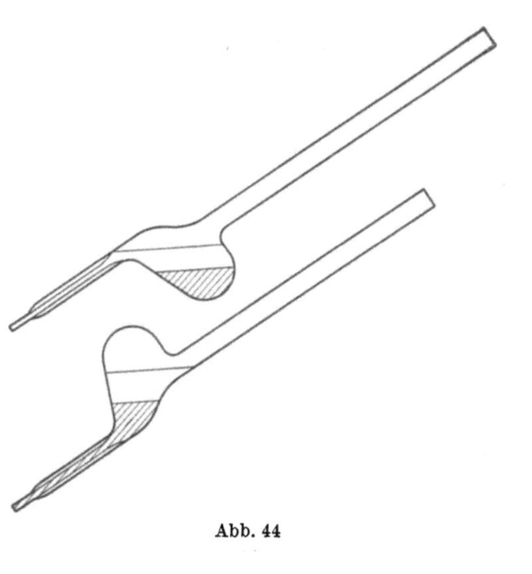

Abb. 44

Extraktionsapparat (G 35) Abb. 45

Anwendung. Zur Extraktion festen Probenmaterials (Einwaagen von 20—200 mg).

Beschreibung. Der Mikroextraktor besteht aus einem Rückflußkühler, an den
mit Schliff und Kappe eine Eprouvette
anschließbar ist. Das in der Schliffkappe
herunterragende Kühlerrohrende trägt ein

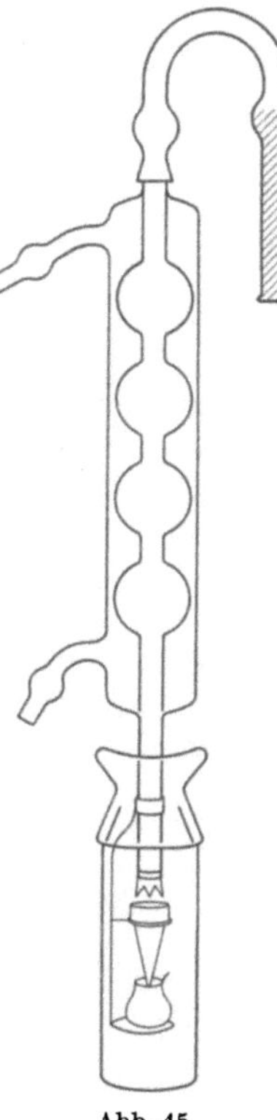

Abb. 45

Gestell aus Nickeldraht, welches aus einem Ring zur Aufnahme
eines Papierfiltertrichterchens und einer Bodenfläche für das den
Extrakt aufnehmende Glaskölbchen (G 14) besteht. In das
Kühlerrohrende ist eine Metallhülse, die in 4 Spitzen ausläuft,
eingeschoben. Ist die Extraktionsapparatur vertikal gestellt, so
läuft das Extraktionsmittel in feinen Tröpfchen auf das im
Extraktionsschälchen (G 36) befindliche Probenmaterial. Die
Tropfenfallhöhe kann durch Verschieben des Drahtgestells ein-
gestellt werden. Sie soll möglichst niedrig gehalten werden, um eine
Zerteilung des Extraktionsgutes zu vermeiden. Am oberen Ende

des Kühlerrohres ist mit Schliff ein Trockenrohr aufgesetzt, das mit Blaugel gefüllt wird.

Herstellung des Papierfiltertrichterchens (Abb. 46). Man schneidet aus gutsaugendem Filtrierpapier ein Scheibchen von 1,8—2 cm

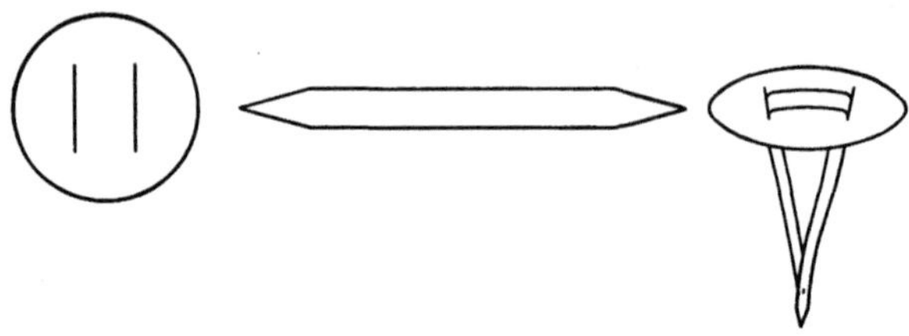

Abb. 46

Durchmesser und mit einer Rasierklinge in einem Abstand von 0,5 cm zwei 1 cm lange Schnitte. Durch diese zieht man einen 5 cm langen Streifen, dessen Enden zugespitzt sind. Mit einem feinen Aluminiumdraht werden die beiden Enden zusammengehalten.

Extraktionsschälchen (G 36) Abb. 47

Zusammen mit dickem, weichem Filtrierpapier (Schleicher & Schüll Nr. 575) wird Aluminiumfolie zu einem Schälchen gepreßt, das einen Durchmesser von 1,7 cm und eine Höhe von 0,5 cm hat. Der Boden des Schälchens wird mit gebündelten Stecknadeln auf einer Hirnholzfläche unter Zwischenlegen von Filtrierpapier feinst gelocht. In diesen Extraktionsschälchen wird das Probenmaterial eingewogen. Vor Gebrauch werden die Schälchen in Äther oder Petroläther aufbewahrt. Ebenso auch die bereits benützten, durch die Aluminiumfolie praktisch stabilen Extraktionsschälchen, nachdem man sie mit einem Haarpinsel vom Probenmaterial befreit hat.

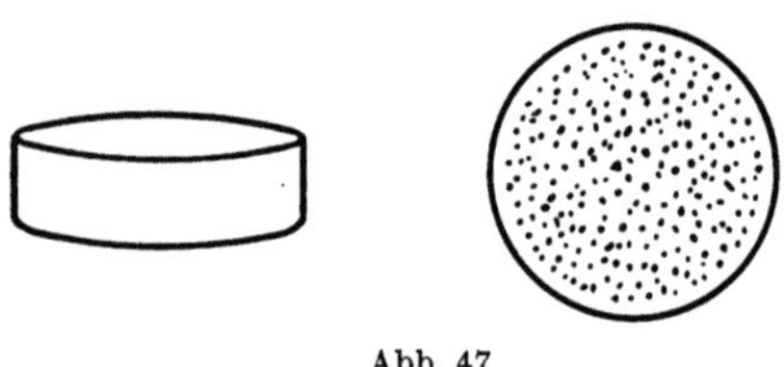

Abb. 47

Mikro-Vakuum-Exsiccator (G 37) Abb. 48

Anwendung. Zum Trocknen von Probenmaterial bei verschiedenen Temperaturen im Vakuum.

Beschreibung. Der Vakuum-Exsiccator besteht aus einem Vakuumtopf aus wärmewechselbeständigem Duranglas und einer aufgeschliffenen Glocke aus demselben Material. Im Tubus der

Glocke ist eine Aufsatzkugel eingeschliffen, die das Entlüftungsrohr mit Entlüftungshahn, ferner Ansätze für das Thermometer und Quecksilbermanometer trägt, so daß während des Betriebes Temperatur und Vakuum überprüft werden können.

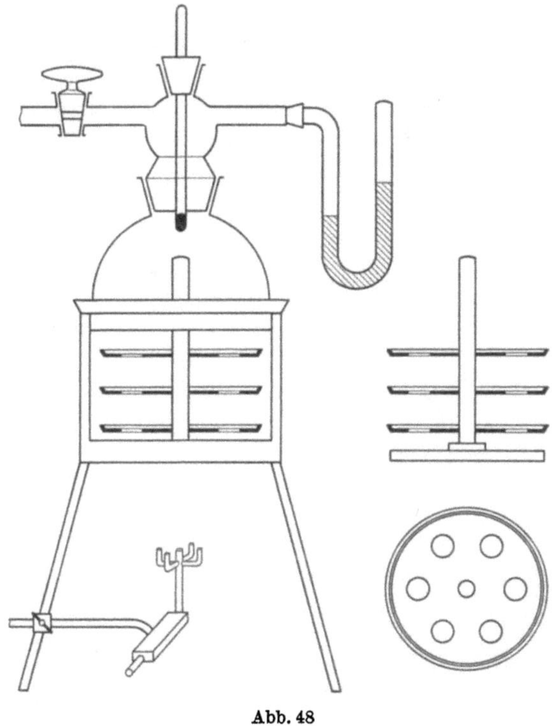

Abb. 48

Der ½ l fassende Vakuumtopf hängt in einem Dreifußgestell, an dem der fein einstellbare Mikrobrenner verschiebbar angebracht ist. Zur gleichmäßigen Verteilung der Wärme befindet sich etwa 1 cm unter dem Boden des Vakuumtopfes ein Asbestdrahtnetz. Glocke und Vakuumtopf können ohne Schmiermittel vakuumdicht zusammengesetzt werden. Soll jedoch das Vakuum mehrere Stunden halten, so wird ein Gummiring als Dichtung zwischengelegt. Zur vollen Ausnutzung des Vakuumexsiccators dient ein Einsatz, der aus 3 Trägern und einem Silicagel-Träger besteht; man kann ihn als Ganzes herausheben. Da die Apparatur keinen Wärmemantel besitzt, sind die Temperaturen in den einzelnen

Etagen verschieden; sie nehmen von unten nach oben ab. Wenn das Thermometer des evakuierten Exsiccators 40° zeigt, so herrscht in der untertesten Etage eine Temperatur von etwa 105° C, in der mittleren Etage von 70—75° C und in der oberen von 60—68° C.

Offener Mikro-Haubenrückflußkühler (G 38) Abb. 49

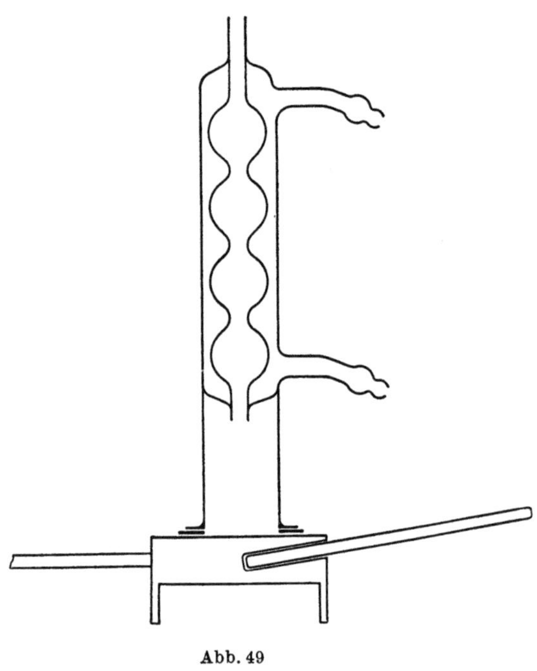

Abb. 49

Anwendung. Beim Lösen, Verseifen usw. im Spitzbecher oder Mikrobecher.

Beschreibung. An den Kugelkühler von etwa 20 cm Länge ist eine Haube mit Schliffrand angeschlossen, in die das Spitzröhrchen eingebracht wird. Durch das Kühlerrohr kann ein Rührwerk eingeführt und so die Probe während des Arbeitsvorganges durchmischt werden. Durch Einführen einer ausgezogenen Glascapillare besteht die Möglichkeit, Luft oder ein anderes Gas einzuleiten.

Handhabung. Das Spitzröhrchen wird im Haltering (G 12a) auf den Mikroheizblock (M 1a, 1b) gestellt und der Haubenrückflußkühler darüber befestigt. Zur Dichtung wird zwischen Heizkörper und dem plangeschliffenen Kühler ein Asbestring eingelegt. Der Mikrohaubenrückflußkühler wird zweckmäßig am Stativ des Universalheizkörpers mittels einer Kühlerklammer mit Kugelgelenk befestigt, damit der Schliffrand auf dem Asbestring und der Heizkörperfläche plan und dicht aufsitzt.

Geschlossener Mikro-Haubenrückflußkühler, klein (G 39) Abb. 50

Anwendung. Beim Lösen, Verseifen usw. im kleinen Spitzbecher (G 5b), Kölbchen (G 13, G 14) und Tiegelchen (G 16).

Beschreibung. Der kleine geschlossene Haubenrückflußkühler besitzt eine intensive Kühlung, da das Kühlwasser in die tiefherabragende Spitze geführt wird. Das verdampfende Lösungsmittel kondensiert sofort an der gekühlten Spitze und tropft verlustlos in das Kölbchen zurück. Mit dieser Einrichtung können deshalb Flüssigkeitsmengen bis etwa 0,3 ml herab auf dem Rückflußkühler behandelt werden. Auch bei diesem Rückflußkühler wird zwischen Heizkörper und dem plangeschliffenen Kühler ein Asbestring eingelegt.

Vorteile der beiden Einrichtungen. Der kleine Mikro-Haubenrückflußkühler eignet sich für kleine Gefäße mit Flüssigkeitsmengen bis 2 ml. Der Konzentrierungseffekt ist wegen des kleinen Raumes, der

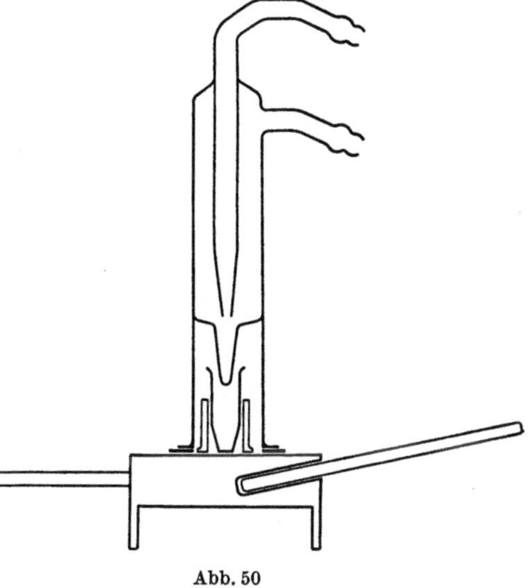

Abb. 50

sich mit Lösungsmitteldampf füllen muß, gering. Die Kühlerspitze soll deshalb auch möglichst tief in das Gefäß hineinragen, damit das Lösungsmittel sofort wieder kondensiert. Bei größeren Gefäßen und Flüssigkeitsmengen spielt die Kondensationsgeschwindigkeit eine geringe Rolle. Man kann hier einen offenen Haubenrückflußkühler mit der üblichen Kugelkühlung anwenden. Dabei kommt man mit einer Kühlerlänge von etwa 20 cm bei einer Weite von 3 cm aus und kann bei entsprechender Haubenlänge mit großen Spitzbechern und Mikrobechern und Flüssigkeitsmengen bis etwa 16 ml arbeiten. Ein offener Kühler hat verschiedene Vorteile. Man kann durch das Kühlerrohr einen Rührer einführen und die Probe z. B. während des Lösens von Substanzen oder beim Heißextrahieren rühren. Als Rührer dient ein ungefähr 2 mm

3*

dicker Glasstab, der unten zum Rühren abgeplattet, oben durch eine auf das Kühlerrohr passende Führungshülse zentrisch geführt ist. Die Höhe des Rührers im Gefäß läßt sich oben mittels eines Stellringes einstellen. Angetrieben wird der Rührstab über eine Gummischlauchverbindung oder Drahtspirale mit einem kleinen Motor, der ebenfalls am Stativstab des Heizkörperstatives befestigt ist. Klebt am Rührer Material, so läßt sich dieses bequem gewinnen. Man schiebt den Kühler vom Trockenblock weg hoch, öffnet die Schraube des Stellringes, wodurch der Rührstab etwa 2 cm aus der Haube hervorragt, so daß er abgespült oder mit dem Mikrospatel abgekratzt werden kann. Auch ist das Arbeiten in sauerstofffreier Atmosphäre, wie dies bei ungesättigten Ölen oder Fettsäuren erforderlich ist, möglich, indem an Stelle des Rührers ein gleich kalibriertes, zur Spitze ausgezogenes Glasrohr eingeführt wird, das gleichfalls durch Stellring in seiner Höhe einstellbar ist. Durch dieses wird sauerstoffreies Kohlendioxyd oder Stickstoff eingeführt. Sollen Lösungsmittelverluste auch bei längerer Dauer vermieden werden, so verwendet man Kühler mit Schliff, passende Schliffgefäße und Schliffspitzbecher. Man hat dabei den Vorteil, daß an die Rückflußbehandlung eine etwa erforderliche Destillation angeschlossen werden kann, indem man das obere Ende entsprechend der für die Destillation erforderlichen Neigung umbiegt und mit einem passenden Schliff versieht.

Einfache Mikro-Destillationseinrichtung (G 40a) Abb. 51

Anwendung. Zu den schwierigsten Aufgaben der Mikrochemie gehört die verlustfreie Destillation kleiner Flüssigkeitsmengen. Sie läßt sich nach unseren Erfahrungen zufriedenstellend durch Verwendung eines Trägergases, wie Luft, CO_2, Stickstoff, durchführen. Dadurch ist es möglich, den Abstand zwischen der zu destillierenden Flüssigkeit und dem kondensierenden Kühler größer zu nehmen und als Destillationsgefäß die bewährten Spitzbecher zu verwenden. Eine einfache Apparatur dieser Art für präparative Zwecke gibt die Abbildung wieder.

Beschreibung. Die Einrichtung besteht aus einem Helm mit Schliffkappe und einem einfachen winkelig abgebogenen Rohr als Kühler. In den Helm ist das Einleitungsrohr für das Trägergas eingeschmolzen. Beim Anschluß des als Destillationsgefäß verwendeten Schliffspitzbechers ragt das Einleitungsrohr bis knapp über den Boden in das Gefäß hinein. Durch Glashaken am Helm und am Schliffspitzbecher und passende Federn werden die beiden Schliffe dampfdicht zusammengehalten. Zur Verstärkung der

Kühlwirkung bringt man am leicht geneigten mittleren Teil des Kühlerrohres eine kleine durchlochte Wanne aus Aluminium an (Außenhülse eines Lockenwicklers), die mit Watte gefüllt wird. Von Zeit zu Zeit tränkt man die Watte mit Wasser, Alkohol oder Äther. Die so erzielte Kühlwirkung ist vollkommen ausreichend. Zur Erwärmung der Probe wird der Spitzbecher in den Spitzbecherblock des Universalstatives gesetzt (M 1 a, 1 c). Als Quelle für das Trägergas genügt ein KIPPscher Apparat. Stickstoff entnimmt man Bomben mit Reduzierventil.

Universal-Mikrodestilliereinrichtung

(G 40b) Abb. 52

Anwendung. In Weiterentwicklung der einfachen Destilliereinrichtung wurde unter Ver-

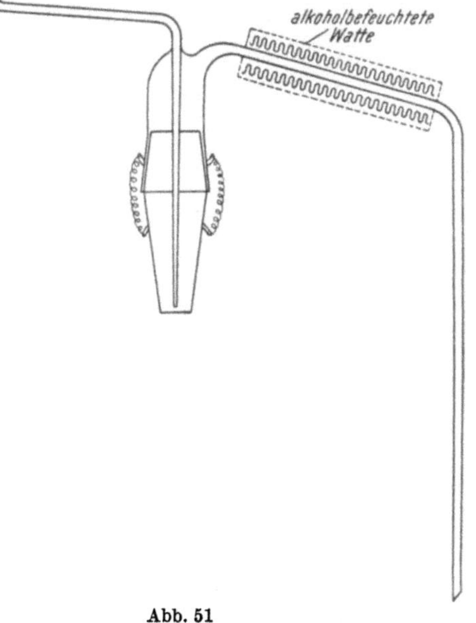

Abb. 51

wendung von Normalschliffen am Kühlerrohrende und einer Einfülleinrichtung an der Schliffhaube eine universell anwendbare Destilliereinrichtung für kleine Substanzmengen geschaffen.

Beschreibung. Wie die Abbildung zeigt, besitzt die Schliffhaube ein Trägergas-Einleitungsrohr mit Hahn, das die Geschwindigkeit des Gasstromes an der Apparatur zu regeln gestattet. Ein Einfülltrichter faßt 2 ml und ist in Zehntelmilliliter geteilt. Man kann daher die während der Destillation zugegebene Flüssigkeitsmenge messen. Diese fließt durch das gekrümmte Ende des Einfülltrichters der Wandung entlang herab, wodurch ein eventuelles Spritzen bei der Vereinigung von kalter und heißer, bereits destillierender Flüssigkeit vermieden werden soll. Für größere Mengen Destillationsflüssigkeit sind noch Schliffkölbchen, die etwa 10 ml fassen, vorgesehen. Vor dem Übertritt in das Destillationsrohr ist ein Schirmfänger angebracht. Das Kühlerrohr wird gegen die Haube zu mittels eines angeschmolzenen Glasstabes zur

Verminderung der Bruchgefahr abgestützt. An das mit Normalschliff versehene Ende des Kühlerrohres können nun die verschiedenen Bauelemente angefügt werden, z. B. ein einfaches Verlängerungs-

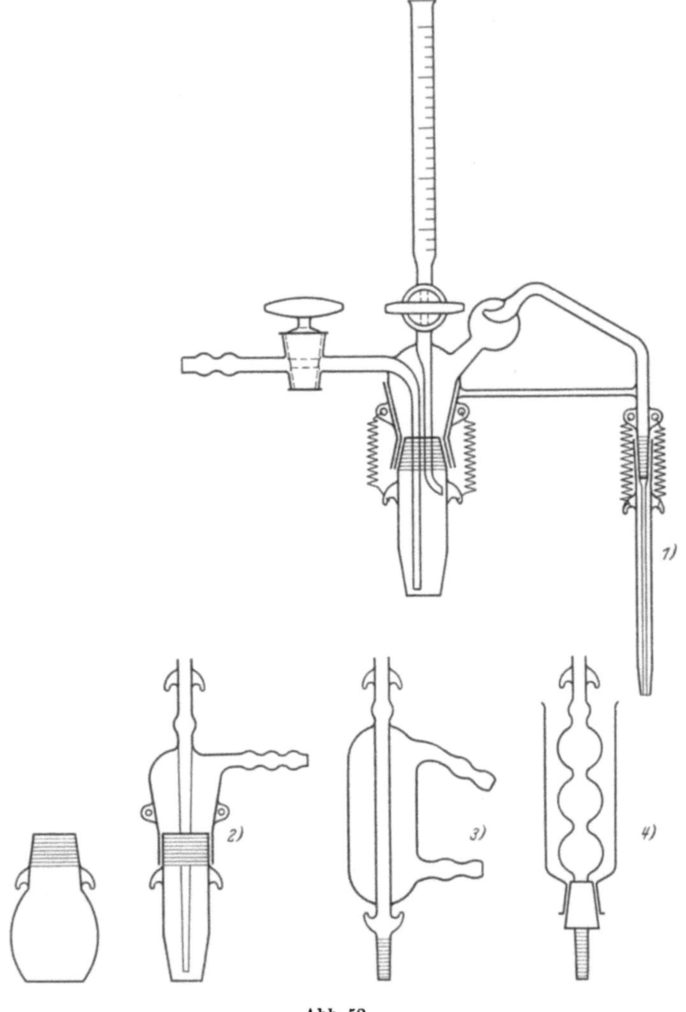

Abb. 52

stück (1), oder ein Verlängerungsstück mit einer zum Schliffspitzröhrchen passenden Schliffhaube (2), wodurch man die Luft durch Absaugen an der Wasserstrahlpumpe durch die Apparatur strömen lassen oder aber auch im Vakuum arbeiten kann. Zwischen das Ende des Kühlerrohres und das Verlängerungsstück bzw. die Schliffhaube lassen sich verschiedene Kühler (3) (nach Liebig, Spezialkühler zur Verstärkung der Kühlung mit Federhaltering) einschalten. Ein Kühler für Eis oder Kohlensäureschnee, der oben offen ist (4), ermöglicht eine besondere Kühlung. Für die Wasserdampfdestillation wird das im Spitzbecher oder Kölbchen abdampfende Wasser durch den Einfülltrichter während der Destillation im Luftstrom ersetzt. Dadurch erhält man ein quantitatives Übergehen der flüchtigen Substanz, ohne daß das Destillat stark verdünnt wird. Die Destillationstemperatur wird am besten am Thermometer des Trockenblockes des Universal-Heizstatives ermittelt. Die Differenz der angezeigten Temperatur und der in der Apparatur vorhandenen wird mit Hilfe von Testflüssigkeiten festgestellt.

Mikro-Destillations- und Fraktionierungseinrichtung (G 41) Abb. 53

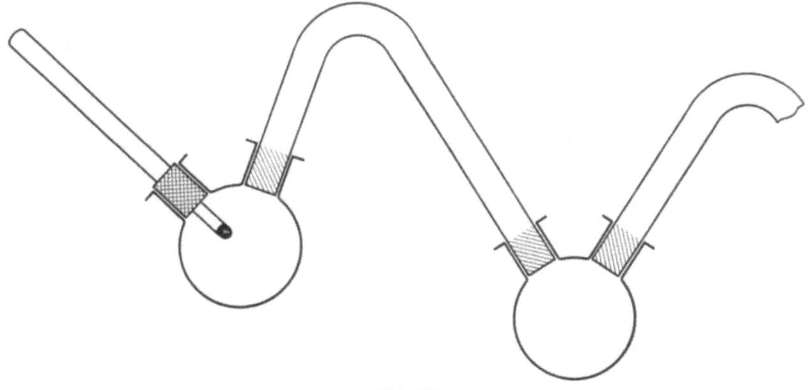

Abb. 53

Anwendung. Für größere Flüssigkeitsmengen.

Beschreibung. Das Rundkölbchen (⌀ 3 cm) erlaubt eine Flüssigkeitsmenge von 5—7 ml zu destillieren. Die Kölbchen besitzen 2 Schliffansätze, dadurch können beliebig viele von ihnen mittels verschieden langer und gewinkelter Schliffzwischenstücke (Kühlerrohre) aneinander geschlossen werden. Die einzelnen Kugeln werden in passende Bechergläser mit Kühlflüssigkeit verschiedener Temperatur eingetaucht. Das Destillierverfahren eignet sich auch für Rektifizierungen im Vakuum und besonders für fraktionierte Destillation.

Wasserbestimmungsapparatur (G 42) Abb. 54

Anwendung. Zur Bestimmung des Feuchtigkeitsgehaltes.

Beschreibung. Die Apparatur besteht aus einer Mikrogasbürette, dem Niveaurohr und dem Acetylen-Entwicklungsteil. Die Gasbürette trägt oben einen Zweiweghahn zur Entlüftung nach außen, ihr Gesamtvolumen beträgt 25 ml. Davon faßt die obere Kugel 10 ml, der mittlere Teil 5 ml bei einer Einteilung in 0,1 ml. Oberhalb und unterhalb der Kugel ist eine Nullmarke angebracht. Man kann nun je nach Wassergehalt das Volumen der Kugel mitbenützen oder weglassen, je nachdem ob bei Beginn der Bestimmung auf die obere oder untere Marke eingestellt wird. Der Acetylenentwicklungsteil besteht aus dem Schliffspitzbecher und einem revolverähnlichen Gefäß, dem Vorratsraum für das Calciumcarbid. Eine kleine Delle im Revolver ermöglicht es noch, das Calciumcarbidpulver vorzudosieren.

Die Verbindung zwischen Entwicklungsteil und Meßbürette wird durch Druckschlauch hergestellt, der zur besonderen Abdichtung noch mit dickflüssigem Cellonlack bestrichen wird.

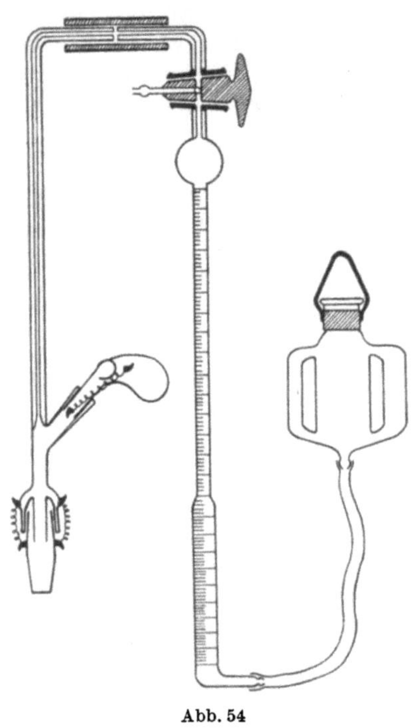

Abb. 54

Die Schliffe des Acetylenentwicklungsteiles können ebenso wie der Zweiweghahn gefettet und so dicht gemacht werden. Die beiden Apparateteile lassen sich auch durch in der Wärme aufgezogene Kunstschlauchstückchen dicht verbinden.

Vor Gebrauch reinigt man die Apparatur mit Chromschwefelsäure und Wasser und trocknet sie nach dem Spülen an der Saugpumpe. Sodann wird die Apparatur mit Quecksilber, das als Sperrflüssigkeit dient, gefüllt.

Vor Ausführung der Bestimmung und auch im Laufe von Serienbestimmungen ist die Apparatur auf ihre Dichtigkeit zu prüfen.

Absaugglocke (G 44) Abb. 55

Anwendung. Die Absaugglocke ist ein Zusatzgerät zum Universalheizkörperstativ (M 1a, 1d).

Beschreibung. Die Absaugglocke besitzt unten einen plangeschliffenen Rand, damit die Glocke luftdicht auf dem Luftbad aufsitzen kann. Oben ist der Glocke mittels Schliffkappe ein Einleitungs- und ein Absaugrohr angesetzt. Man kann also Gase einleiten und absaugen oder im Vakuum arbeiten.

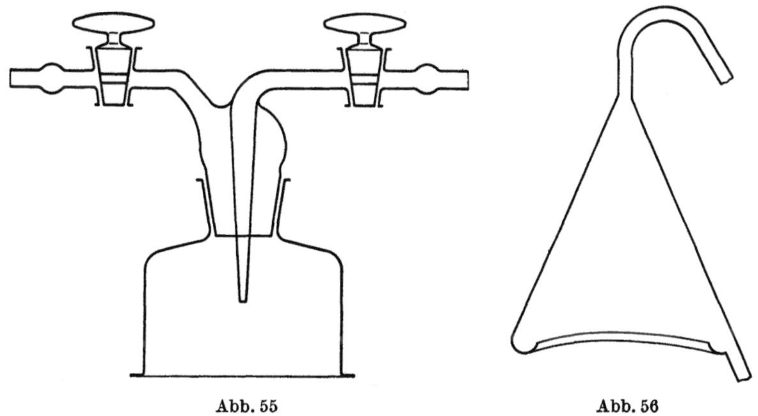

Abb. 55   Abb. 56

Absaugtrichter nach F. HECHT (G 45) Abb. 56

Anwendung. Als Schutzvorrichtung beim Abdampfen.

Beschreibung. Der untere Rand des Trichters ist nach innen umgebogen und mit einem Ablaufröhrchen für Kondenswasser versehen. Der Trichterhals ist abgebogen und wird an die Wasserstrahlpumpe angeschlossen; somit hat man die Möglichkeit, die beim Eindampfen entstehenden Dämpfe abzusaugen. Der Trichter wird über dem Universalheizkörperstativ (M 1a, 1c) und den darauf befindlichen Spitzbechern am Stativstab befestigt.

Universalheizkörperstativ (M 1) Abb. 57—61

Eine vielseitig anwendbare Einrichtung stellt die Mikro-Heiz- und Kühleinrichtung dar.

Beschreibung. Für die Einhaltung einer bestimmten Temperatur oder zum Trocknen von kleinen Substanzmengen sind im Laufe der Zeit eine Reihe von gas- und elektrisch beheizten Einrichtungen angegeben worden. Sie dienen vielfach nur ganz bestimmten Aufgaben. Eine universelle Heiz- und Kühleinrichtung hatte bisher gefehlt. Durch weitgehende Standardisierung gelang es, im

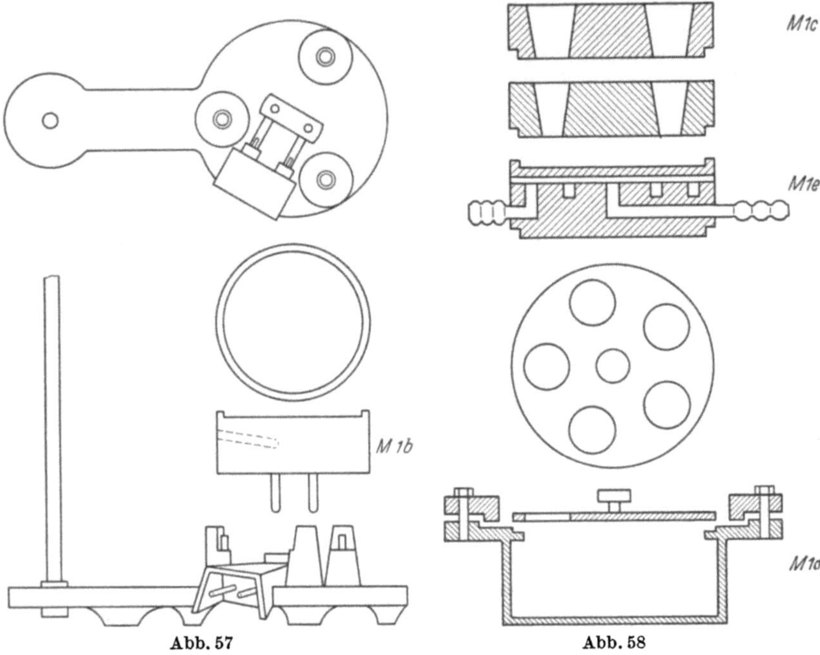

Abb. 57   Abb. 58

Universalheizkörper eine Einrichtung zu schaffen, die in der Mikrochemie vielseitig anwendbar ist. Kleine Flüssigkeitsmengen werden z. B. nur dann richtig beheizt, wenn das Gefäß allseitig von den erwärmenden Metallmassen umgeben ist. So siedet ein Wassertropfen je nach Höhenlage nicht bei 100° C, sondern wegen der Oberflächenspannung erst bei 120—125° C und zerspratzt bei dieser Temperatur. Um auf 100° C zu erhitzen, wird die kleine Flüssigkeitsmenge im Spitzbecher in dem der konischen Spitze angepaßten Spitzbecherblock aus Aluminium erhitzt. Dies hat gleichzeitig den Vorteil, daß die Reaktionstemperatur in wenigen Sekunden erreicht wird, wenn der Spitzbecher, was ohne Gefahr möglich ist, in den entsprechend vorgeheizten Block eingesetzt wird.

Der Heizkörperblock besitzt, wie die Abbildung zeigt, Kontaktstifte, ähnlich wie Kochplatten von elektrischen Herden, welche in die Kontakthülsen des Universalstatives passen. Es ist dadurch möglich, Heizkörper verschiedener Wattzahl und Temperaturhöhe zu verwenden und außerdem den Stativfuß, wenn nötig, zu reinigen. Dieser hat einen Durchmesser von etwa 10 cm und ist aus dem schweren und chemisch kaum angreifbaren Austauschstoff Zl 2 gefertigt. Auf 3 vorstehenden, etwa 3 cm hohen zapfenförmigen Lagern ruht der Heizkörper. An einem etwa 8 cm langen Seitenarm ist der Stativstab mittels eines Gewindes angebracht. Der Heizkörper ist an der Heizfläche abgedreht, so daß ein Rand von 2 mm Höhe und 1 mm Breite entsteht. In diese Rille werden die Trokkenblöcke durch entsprechende Ausnehmungen eingepaßt. Die Abbildung zeigt den Heizkörper (M 1 b), Aluminiumvollblock mit einer Thermometerbohrung für die bekannten kurzen Thermometer mit 5°-Einteilung. Er dient zum Erhitzen von Flüssigkeiten mit und ohne Rückfluß. In den Aufsatz für Spitzbecher (M 1 c) können gleichzeitig 5 Spitzbecher eingestellt werden. Das Luft

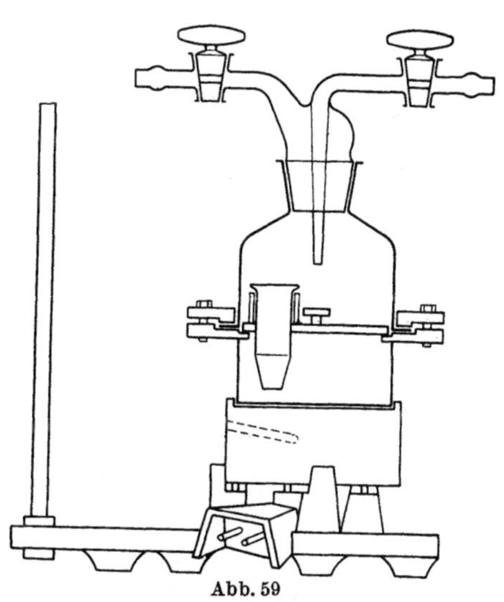

Abb. 59

bad (M 1 d) wird entweder mit einem Deckel, der 5 Bohrungen trägt, oder mit einer Deckplatte verwendet. Ersterer dient zur Aufnahme der verwendeten Gefäße (Spitzbecher, Mikrobecher, Porzellanschälchen, Tiegel und dergleichen). Die Gefäße lassen sich durch Dazwischenlegen verschieden hoher Glasringe (G 12) höher oder tiefer in das Luftbad hängen. Die Einlochdeckplatte in Verbindung mit dem Luftbad wird vor allem zur Erhitzung des Extraktionsapparates (G 35) verwendet. Das Luftbad besitzt auch 3 Klemmvorrichtungen, mit denen eine Glasglocke (G 44) luftdicht angeschraubt werden kann (Abb. 59). Man hat so die Möglichkeit abzusaugen, also im Vakuum zu arbeiten, oder verschiedene Gase einzuleiten. Diese Einrichtung ist ein gleichwertiger Ersatz für einen

Mikro-Vakuum-Exsiccator. Da Aluminiumguß nicht vollkommen porenfrei herzustellen ist, wird dieses Luftbad nach dem Druckverfahren aus Kupfer hergestellt. Durch Anschleifen des Luftbades läßt sich die erwähnte Glasglocke ohne oder mit Verwendung der von der Fa. Merck, Darmstadt, hergestellten Dichtemittel auch bei höheren Temperaturen vakuumdicht aufbringen. Der Kühlblock (M 1 e), der auf den Heizkörper aufgelegt wird, besteht ebenfalls aus Aluminium und besitzt eine Kühlspirale mit Zu- und Abfluß für fließendes Leitungswasser oder Kühlsule. Auf diesen Block können wiederum die für die Gefäße entsprechend geformten Zusatzblöcke aufgelegt werden. Für verschiedene Temperaturbereiche verwendet man Heizkörper verschiedener Wattzahl, z. B. solche mit Temperaturen bis

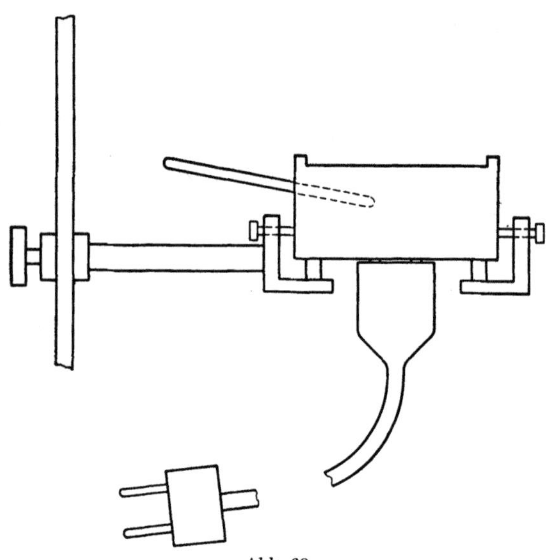

Abb. 60

etwa 200° C und maximal solche bis etwa 360—370° C. Die höher heizbaren dienen hauptsächlich Aufschlußzwecken, etwa zur Zerstörung organischer Substanz mit Schwefelsäure, Perchlorsäure und anderen mehr. Von Kontaktthermometern zur feinen Temperaturregelung ist abzuraten, da das Heizstativ durch seinen keramischen Heizkörper und sein massives Aluminium nur langsam Wärme aufnimmt und abgibt. Es genügt ein Stufenwiderstand, der, aus Widerstandsdraht von verschiedener Dicke gewickelt, die Einstellung der Temperatur mit praktisch genügender Exaktheit erlaubt.

Für die Bestimmung des Wassers mit Carbid, für die Destillation, Extraktion und andere Zwecke wurde für den Heizkörperblock ein passender Ring mit Stativklemme (Abb. 60) geschaffen, in den dieser auf Keramikfüßchen isoliert, mittels Schrauben fixiert werden kann.

Einen weiteren Zusatz bildet ein 14 mm hoher Ring (M 1f), der, auf den Thermometerblock aufgesetzt und mit einer Glasplatte bedeckt, den Schmelzpunktsbestimmungsapparat ergibt (Abb. 61). In den durch Ring und Glasplatte gebildeten Raum kommt auf einen gekürzten Objektträger die zu prüfende Substanz. Ihr Schmelzen wird mit einer Fernrohrlupe (Fa. Zeiß), die am Stativ befestigt ist, beobachtet. Durch Verwendung verschiedener

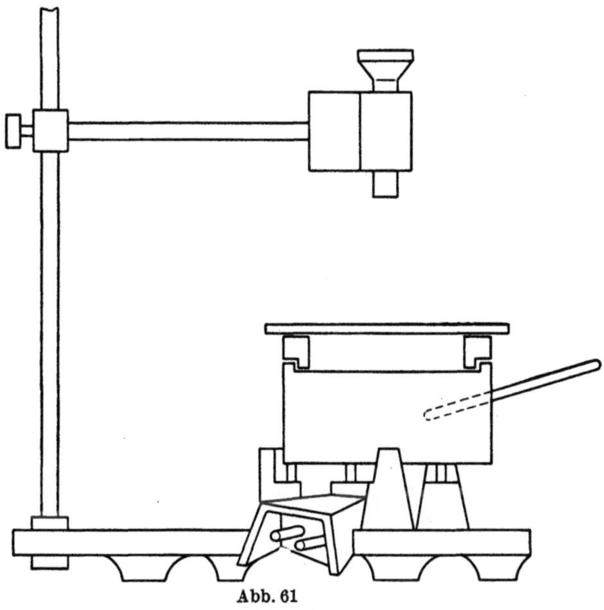

Abb. 61

Vorsatzlinsen erhalten wir bis zu 30fache Vergrößerung. In dem Heizblock wird ein Thermometer mit Gradeinteilung eingeschoben. Dieses muß mittels schmelzpunktreiner Substanzen mit bekanntem Schmelzpunkt geeicht werden. Dank der guten Wärmeleitfähigkeit des Aluminiums ist der Temperaturabfall von Block zu Block bei mittleren Temperaturen zu vernachlässigen, bei höheren beträgt er nur 1—2° C, so daß die am zwischengeschalteten Thermometerblock abgelesene Temperatur praktisch der des aufgelegten Blockes entspricht.

Mikro-Wasserbad (M 1g) Abb. 62

Anwendung. Zum Erhitzen der Spitzbecher (G 5a).

Beschreibung. Auf den Heizkörper (M 1a) wird ein 400 ml Becherglas aufgesetzt. Das Becherglas wird etwa zu $^3/_4$ mit destilliertem Wasser gefüllt und mit einem Deckel aus Aluminium, der mit 5 Bohrungen für die Spitzbecher versehen ist, bedeckt. Auch hier kann man durch Dazwischenlegen von Glasringen (G 12 a) das Einhängen der Spitzbecher variieren. Die freibleibenden Löcher werden mit Glasdeckeln (G 9) verschlossen. Dadurch kann das Wasserbad 4—5 Std lang ohne weitere Nachfüllung kochen. Um Siedeverzug zu verhindern, gibt man ein Siedestäbchen (G 8) in das Becherglas.

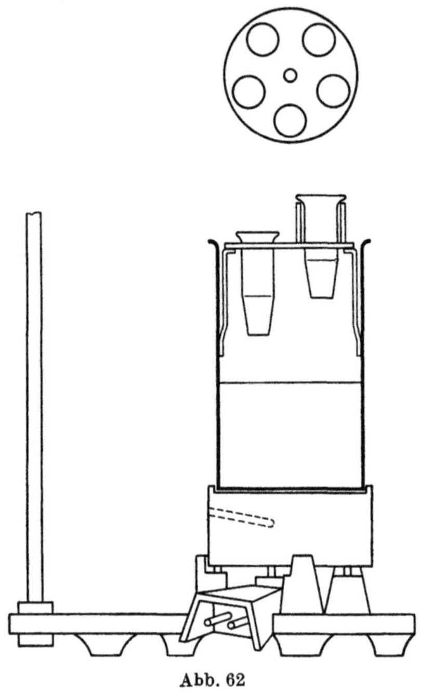

Abb. 62

Mikro-Autoklav

(M 1k) Abb. 63

Anwendung. Bei Mikroreaktionen unter Druck.

Beschreibung. Die Apparatur besteht aus dem Heizkörper (M 1 a) und dem Spitzröhrchenblock (M 1 c), dem hier in der Mitte eine Säule aufgesetzt ist. Diese trägt Seitenarme mit verschiebbarem Gelenk mit Ventil und einem Laufgewicht. Als Reaktionsgefäße dienen Spitzbecher (G 6b) mit besonderem Schliffaufsatz. Der Schliffstopfen besitzt eine Capillare, die als Sicherheitsventil wirkt. Mittels Ring und einem Aluminiumplättchen werden Schliffstopfen und Spitzbecher fest zusammengeschraubt. Durch die Verwendung von Reaktionsgefäßen mit Schliff fällt das sonst übliche Zuschmelzen bzw. Aufschneiden von Bombenrohren weg.

Handhabung. Der mit der Probe versehene Spitzbecher wird in den bei bestimmter Temperatur gehaltenen Block gesetzt, die Ventilklappe des verschiebbaren Gelenkes aufgesetzt und das Laufgewicht entsprechend verschoben. Von diesem Punkt an beginnt man mit der Zeitzählung. Nach der vorgesehenen Zeit wird der Arm samt Ventil hochgehoben, der Spitzbecher vom Heizblock entfernt und zur rascheren Abkühlung in ein kaltes Wasserbad gestellt.

Während der Arbeit am Druckapparat sind stets Schutzbrillen zu tragen, und die Apparatur selbst soll von einem ringförmigen Schutzblech umgeben sein, da es manchmal Explosionen geben kann, verursacht durch fehlerhaftes Glas oder undichten Schliff.

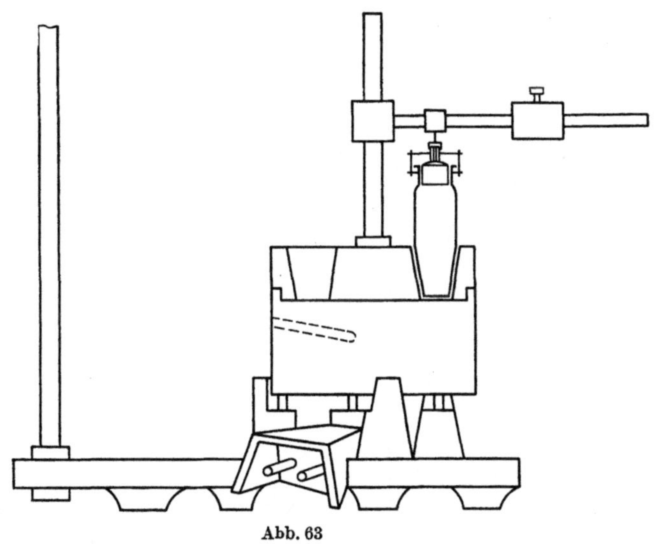

Abb. 63

Mehrfach-Universalstativ (M S A) Abb. 64

In letzter Zeit hat sich besonders für Serienextraktionen das in der Abbildung dargestellte Mehrfach-Universalstativ bewährt, das an einem großen Stativ in radiärer Anordnung 6 Heizkörper trägt. Zur besseren Wärmehaltung des Extraktionsapparates ist auf jedem Heizkörper ein passender Trichter aus Aluminium aufsetzbar. Der Kühler des Extraktionsapparates wird durch einen 6teiligen Stativ-Stab-Korb jeweils gehalten. Zur Befestigung sind die später beschriebenen Stativ-Federklammern praktisch, die es gestatten, die Gesamt-Extraktionsapparatur höher oder tiefer in den Aluminiumtrichter des Heizkörpers einzusenken.

Mikromuffel (M 2) Abb. 65

Anwendung. Beim Veraschen und Verglühen von Niederschlägen. Die Mikrochemie bietet hier besondere Vorteile, da auf kleinem Raum hohe Temperaturen angewendet werden können. Die geringen Substanzmengen erlauben ein Verglühen in bedeutend kürzerer Zeit als es bei der Makrochemie der Fall ist.

Beschreibung. Die Muffel besteht aus 2 abhebbaren Teilen, der eigentlichen Mikromuffel, die als solche mit Hilfe eines passenden Ringes auf das Universalheizstativ aufgesetzt werden kann, und

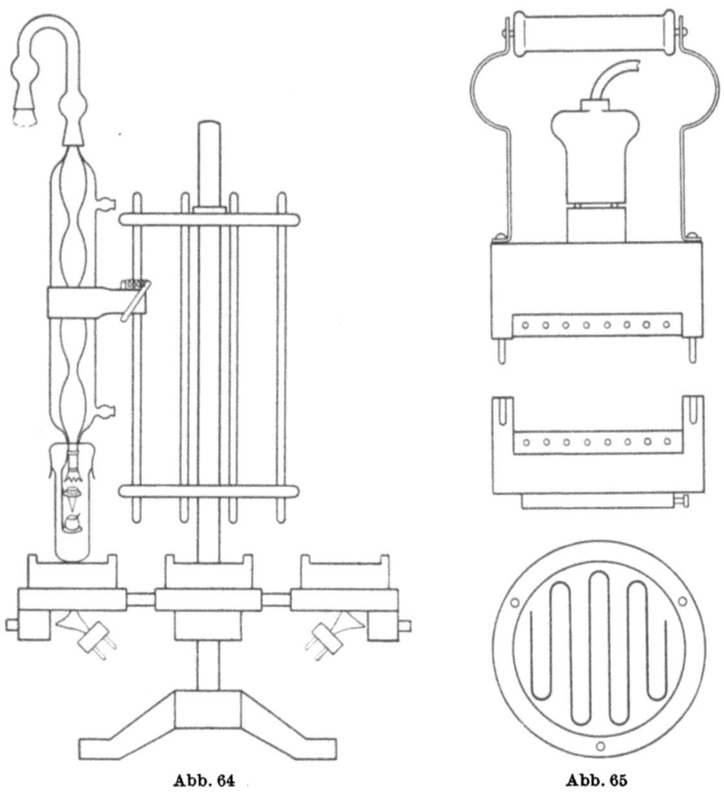

Abb. 64   Abb. 65

dem Deckel, der die Stromzuführung trägt. Ein Handgriff ermöglicht es, die beiden voneinander durch Abheben lösbaren Teile auch bei Betrieb abzuheben. Der Strom ist erst dann eingeschaltet, wenn die Kontaktstifte des oberen Teiles durch dessen Eigengewicht in die Kontakthülsen des unteren eingreifen. Die Auskleidung der Muffel besteht aus Schamotteringen, die je 2 gegenüberliegende Bohrungen tragen, wodurch die Einführung eines Thermoelementes möglich ist. Für die Mikromuffel, die Temperaturen bis zu 1000° C gestattet, stehen neben den üblichen Porzellantiegeln (G 16) unsere Platintiegel (G 17) in Gebrauch. Die Muffel wird am besten unter Verwendung eines Schiebewiderstandes (3, 7A, 75) betrieben, damit die Temperatur nach Bedarf geregelt werden kann. Durch den bei Betrieb abhebbaren Deckel ist ein sofortiges starkes Abkühlen der Muffel gegeben, so daß man bequem mehrere Bestimmungen bei verschiedenen Temperaturen durchführen kann.

Zentrifuge (M 3) Abb. 66

Die Abbildung zeigt eine Mikro-Handzentrifuge, die auf dem Friktionsprinzip beruht.

Beschreibung. Das Antriebsrad ist in einem festen Rahmen untergebracht und läßt sich seitlich in den beiden Achsenstummeln verschieben. In der gleichen Richtung dazu liegt die Zentrifugenachse, die ein Rädchen aus Leder trägt. Unter der Achse ist in üblicher Weise das Zentrifugengehänge angeschraubt. Drückt man nun mit Hilfe des Hebels an das Friktionsrädchen, so wird die Zentrifuge in Bewegung gesetzt. Bei entsprechend gewähltem Durchmesser von Antriebsrad und Rädchen der Zentrifugenachse,

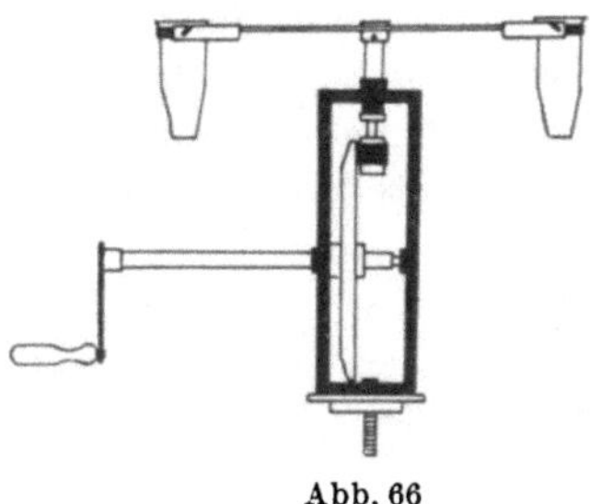

Abb. 66

wobei das letztere möglichst klein gewählt werden soll, kann man eine Drehzahl von 2000—3000 pro Minute erreichen.

Die Gehänge sind zum Einhängen von Spitzbechern (G 5a) eingerichtet.

Motorzentrifuge (M 4)

Diese Zentrifuge ist mit einem Schutzgehäuse umgeben; sie wird durch einen 20 W-Motor angetrieben und erreicht eine Tourenzahl bis 5000 U/min.

Die Spitzbecher (G 5a) hängen frei im Gehänge, man kann also sofort feststellen, ob die Probe auszentrifugiert ist. Auf das richtige Austarieren der beiden Spitzbecher ist besonders zu achten. Bei Verwendung von Zusatzringen lassen sich auch kleine Spitzbecher (G 5b) in die Zentrifuge einhängen.

4 Gorbach, Mikrochem. Praktikum

Ultrazentrifuge (M 5) Abb. 67

Anwendung. Bei qualitativen und mikroskopischen Arbeiten.

Beschreibung. Ein einfaches Zusatzgerät zur Mikro-Handzentrifuge erlaubt es, leichte Capillaren sehr hohen Drehzahlen zu unterwerfen. An Stelle des Zentrifugengehänges wird eine Aluminiumscheibe mit starkem Wulst aufgesetzt, die mittels Lederrädchen eine leichte Blechschale in Drehung versetzt. In diese Blechschale werden in dafür vorgesehene Klammern die Capillaren eingelegt.

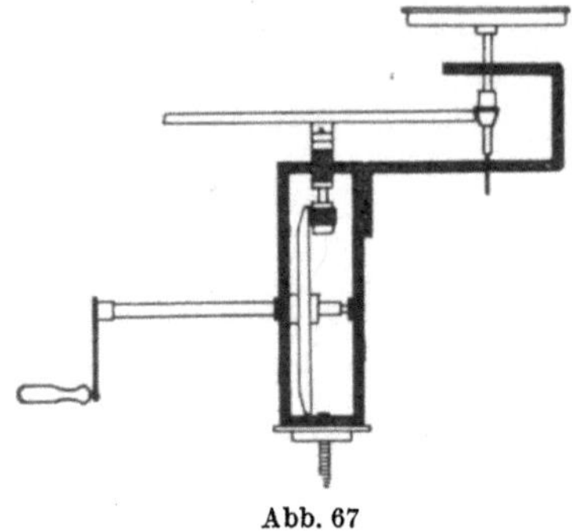

Abb. 67

Spitzbechergestell (M 6) Abb. 68

Beschreibung. In dem aus Aluminiumblech gefertigten Gestell lassen sich bequem mehrere Spitzbecher zugleich auf dem Arbeitsplatz aufstellen. Es hat eine Höhe von 4,5 cm, eine Breite von 5,5 cm und eine Länge von 19 cm. Die beiden Flächen, mit je 12 Lochungen versehen, dienen zur Aufnahme von 12 Spitzbechern (G 5a).

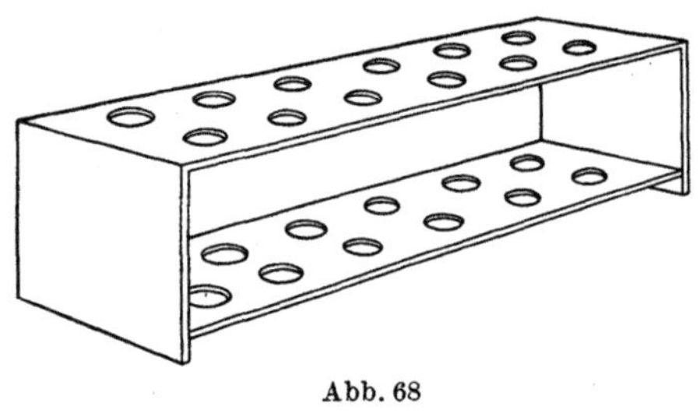

Abb. 68

Einwägebehelfe (M 7) (siehe Abb. 4)

Zur Herstellung dient dünne Aluminiumfolie.

Aluminiumlöffelchen. Bei einem Gewicht von 50—100 mg eignen sie sich besonders für Einwaagen an der Mikro-Torsionswaage.

Schälchen aus Aluminium. Das Schälchen ($\varnothing$ 10—15 mm) wird aus Aluminiumfolie gestanzt und mit einer Aufhängevorrichtung aus Aluminiumdraht versehen. Das Gewicht beträgt 50 mg, höchstens 100 mg.

Platinfilterstäbchen nach J. DONAU

Durch die Schaffung der Torsionswaage mit einer maximalen Belastungsmöglichkeit von 2 g hat sich der Verwendungsbereich der von J. DONAU in die Mikrochemie eingeführten Filterstäbchen aus Platin sehr erweitert. Ihre Fertigung ist im Buch „Anorganische Mikrogewichtsanalyse" (*9*) eingehend beschrieben.

Abtropfbrett für Spitzröhrchen (M 8)

Beschreibung. Zur Trocknung von gewaschenen Spitzröhrchen und anderen mikrochemischen Glasgeräten ist es zweckmäßig, sich ein geeignetes Abtropfbrett herzustellen. Es besteht aus einem auf 2 Füßen schräggestellten Brett (etwa $25 \times 15 \times 2$ cm), das in Abständen von etwa 3 cm mit kleinen Bohrungen versehen ist, in die ungefähr 10 cm lange und 3 mm starke Holzstäbchen eingesetzt sind.

Stative, Klemmen und Muffen

Im allgemeinen können Stative, Klemmen und Muffen aus dem makrochemischen Laboratorium übernommen werden, soweit es sich um die Befestigung von Apparaturen (z. B. Wasserbestimmungsapparatur, Mikrobürette u. ä.) handelt. Allerdings empfiehlt es sich, die Dreifüße nicht zu klein zu wählen, damit genügend Standfestigkeit gewährleistet ist. Daneben verwendet man Stative und Klemmen kleineren Ausmaßes zur Befestigung kleinerer Glasgeräte (Filtrierpipette usw.). Auch Klemmen mit angegossener Muffe bewähren sich.

Universal-Stativklemme

Für die besonderen Zwecke der Mikrochemie haben wir eine eigene Universalklemme entwickelt, die eine universelle, leicht verschiebbare, durch Kugelgelenk nach allen Seiten drehbare Halteeinrichtung darstellt.

Stativfederklemme (M 9) Abb. 69

Allen Stativklemmen ist die Stativfeder gemeinsam. Sie besteht aus 2 würfelförmigen Klauen, die mittels einer Gabel und 2 Federn an dem Stativstab haften. Je größer das Gewicht der angebrachten Last, desto

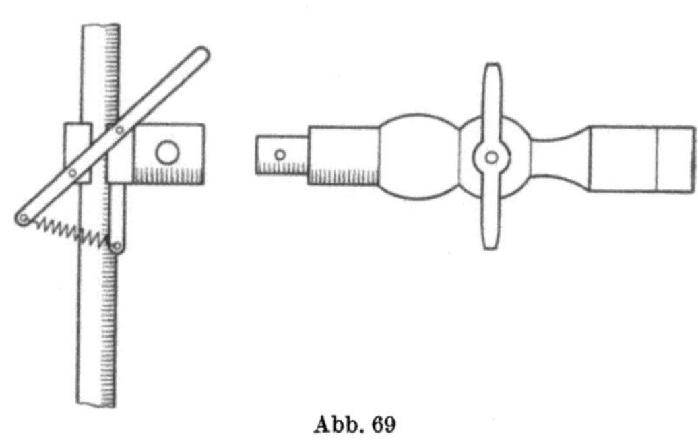

Abb. 69

fester hält die Klemme gemäß der Konstruktion am Stativstab, so daß auch schwere Glas- oder Metallgeräte daran befestigt

4*

werden können. Durch einfaches Anheben des Hebels läßt sich die Klemme leicht höher oder tiefer verschieben, was die Handhabung der Mikrobüretten, Filtrierpipetten, Absaugtrichter usw. erleichtert.

Federklemme (M 10) Abb. 70

Dazu passend wurde eine einfache Federklemme geschaffen, die so konstruiert ist, daß selbst feinste Capillaren sicher gefaßt

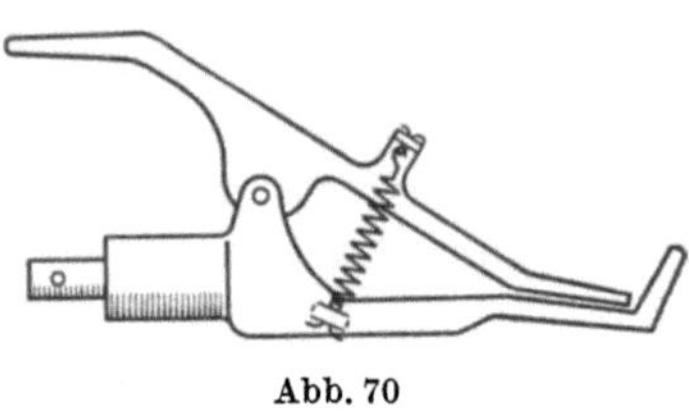
Abb. 70

werden können. Die beiderseitigen Federn sind aus säurefestem Stahl gefertigt und halten ohne lästiges Schrauben leichtere Gegenstände genügend fest. Die Befestigung an der beschriebenen Stativfederklemme erfolgt mit einer Zapfenverbindung, die mittels eines Splintes, wenn erforderlich, verdrehfest gesichert werden kann.

Schraubenklemme (M 11) Abb. 69

Die in der Abbildung veranschaulichte Schraubenklemme hat die gleiche Zangenausführung wie die Federklemme. Die Zange wird aber zweckmäßig der Größe der Gegenstände angepaßt, so daß mindestens 2 Klemmen, 1 Mikro- und 1 Makroklemme, erforderlich sind. Daneben sind runde Zangenausführungen für den Mikrohaubenrückflußkühler oder für den Mikroextraktor zweckmäßig.

Kugelgelenke (M 12) Abb. 71

Um die Haltevorrichtung nach allen Richtungen des Raumes verdrehen zu können, wurde ein einfaches Kugelgelenk vorgesehen, das erstmalig J. DONAU verwendet hat. Es wird zwischen Stativ und Feder oder Schraubenklemme angebracht.

Um Raum zu sparen, kann man die Stativstäbe in entsprechende Nippel, die am Arbeitstisch angebracht sind, anschrauben. Oft reicht die Stativeinrichtung des Universalheizkörpers für alle Arbeiten aus.

Zum Schluß dieses Teiles sei noch ein Colorimeter beschrieben, das sich zu quantitativen Bestimmungen im Mikro-Maßstab deshalb eignet, weil an Stelle der üblichen Cuvetten Capillarrohre

benützt werden. Bei annähernd 100 mm betragenden Schicht-
dicken lassen sich auch schwache Färbungen colorimetrisch bzw.
photometrisch bestimmen.

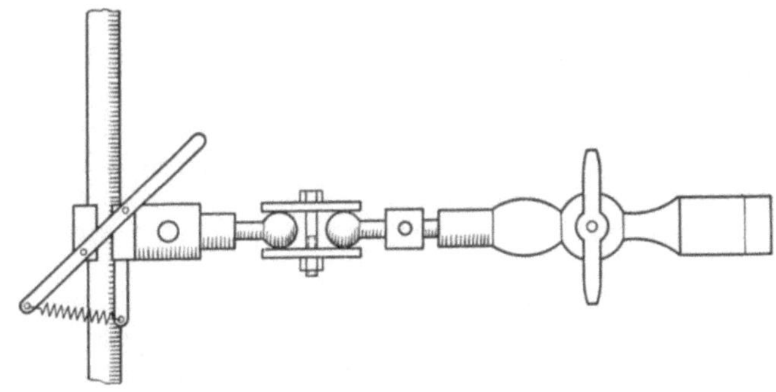

Abb. 71

Mikro-Colorimeter (G 43) Abb. 72

Beschreibung. Das Colorimeter besteht aus 2 Capillaren von
15 cm Länge und 2 mm Durchmesser, in welche die zu vergleichen-
den Lösungen eingebracht werden. In ihnen erfolgt die Bestimmung

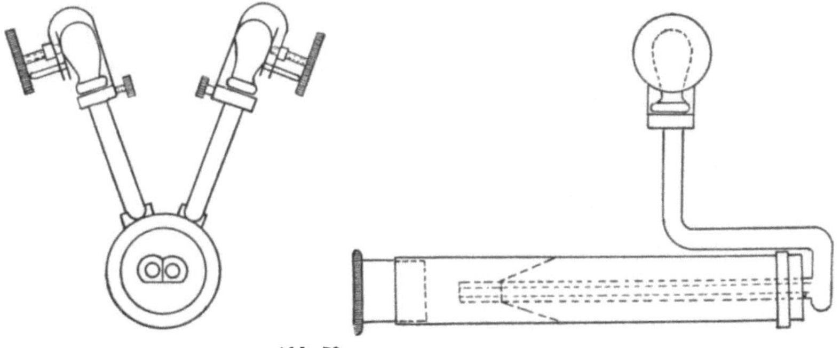

Abb. 72

der Schichtdicke, daher sind sie mit einer Meßeinrichtung von
100 Teilstrichen versehen. Dem einen Ende der Capillare ist ein
6 mm breites, S-förmig gebogenes Glasrohr, das Vorratsgefäß,
angeschlossen. Dieses trägt am oberen Ende eine Pumpe, mit deren
Hilfe man die Schichtdicke der Flüssigkeit in der Capillare beliebig
verändern kann.

Die Pumpe, eine sehr einfache und praktische Einrichtung,
besteht aus einer Schraube, der eine kleine Platte angesetzt ist.

Durch Drehen der Schraube kann der Gummiballon (Kindergummisauger), der dem Vorratsrohr aufgeschoben ist, zusammengepreßt werden. Zum Füllen der Capillare wird das Ende derselben in die Probeflüssigkeit getaucht und die Schraube wieder zurückgedreht. Die beiden Capillaren werden in eine geschwärzte Metallhülse geschoben. Die Hülse ist ausziehbar und besitzt vorne an der Betrachterseite eine starke Lupe, die den Durchmesser der beiden Capillaren stark vergrößert und somit eine genaue Feststellung der Farbgleichheit der Proben gestattet. An der Metallhülse befindet sich ein Seitenarm, der ein waagerechtes Einspannen des Colorimeters in ein Stativ ermöglicht. Das Colorimeter wird bei der Arbeit vor ein helles Fenster gestellt.

Die Handhabung des Colorimeters ergibt sich aus der vorhergehenden Beschreibung. Man füllt beide Colorimeterrohre durch Betätigung der Pumpen. Das eine Rohr wird mit der Probeflüssigkeit, das andere mit der Standardlösung gefüllt. Durch Verdrehen der Schrauben wird auf Farbgleichheit der beiden Lösungen eingestellt. Die Berechnung erfolgt nach dem LAMBERT-BEERschen Gesetz: $c_1 : c_2 = d_2 : d_1$ bei Probelösungen, die diesem Gesetz gehorchen.

Mit den hier angeführten Geräten kommt man in der allgemeinen Laboratoriumspraxis aus. Zur Ergänzung dieser Geräte für spezielle Aufgaben sei auf die von H. LIEB und W. SCHÖNINGER im Handbuch der Mikrochemischen Methoden beschriebenen Einrichtungen hingewiesen. Lit.: (3. 4, 5, 6)

III. Qualitative Mikrochemie

Vorbemerkung. Bei den folgenden Übungen werden als Maß für die Empfindlichkeit der Reaktionen gewöhnlich drei Ausdrücke angegeben:

1. Erfassungsgrenze, d. h. kleinste nachweisbare Menge eines Elements, in μg (Mikrogramm);

2. Grenzkonzentration: Verhältnis der Gewichtseinheit des erfaßten Stoffes zur Menge des Lösungsmittels ausgedrückt durch die Formel:

$$1 : \frac{\text{Flüssigkeitsvolumen in ml} \times 10^{\circ}}{\text{Erfassungsgrenze in } \mu\text{g}} .$$

3. Empfindlichkeit pD[1], negativer Logarithmus der Grenzkonzentration. *Beispiel:* Die Grenzkonzentration betrage 1:15000; $1/1,5 \times 10^{-4} = 6,67 \times 10^{5}$ oder $10^{-4,17}$. Die letztgenannte Zahl wird auch mit D[2] bezeichnet („die Empfindlichkeit ausdrückende Verdünnungsgrenze"). Als Maß der Empfindlichkeit dient der negative Logarithmus $pD = 4,17$.

1. Übung

Calcium

Reagentienbedarf:	*Gerätebedarf:*
Schwefelsäure (1:10)	1 Objektträger (oder Quarz-schälchen)
Essigsäure (20%)	2 Capillarpipetten (G 1, Abb. 6)
Wassertropfen (Wasser-leitungswasser)	1 Heizblock (M 1, Abb. 57)
	1 Mikroskop

Der Wassertropfen (Wasserleitungswasser) wird auf dem Objektträger oder in einem Quarzschälchen mit einem Tropfen verdünnter Schwefelsäure versetzt und auf dem Heizblock eingedampft. Die Verwendung eines Quarzschälchens empfiehlt sich, da Glas leicht etwas Calcium abgibt.

---

[1] Gemäß Vorschlag der Union internationale de Chimie pure et appliqué.
[2] Abkürzung von Dilution.

Man löst den Rückstand in verdünnter Essigsäure und läßt wieder verdunsten.

Die gewonnenen Gipskristalle $CaSO_4 \cdot 2 H_2O$ werden unter dem Mikroskop betrachtet; sie haben oft verschiedenes Aussehen, sind aber doch charakteristisch. Bei rascher Verdunstung, die vermieden werden soll, entstehen vorwiegend Nadelbüschel, bei langsamer hingegen a) rhomboidal umgrenzte Plättchen mit spitzen Winkeln, b) Zwillinge, die an einspringenden Winkeln von (meistens) 104, 130 oder 76° kenntlich sind.

Zur Messung der Winkel bedient man sich des Fadenkreuzoculars und eines drehbaren mit einer Winkelabteilung versehenen Objekttisches. Man bringt erst den einen, dann den anderen Schenkel des betreffenden Winkels mit einem Faden in Übereinstimmung und liest jedesmal den Winkel ab. Die Differenz ergibt unter Berücksichtigung des Drehsinnes den tatsächlichen Winkel. Aus mehreren Messungen wird das Mittel genommen. Lit.: (3)

2. Übung

Blei

Reagentienbedarf: *Gerätebedarf:*

Bleiacetatlösung (1%)	2 Objektträger
Kupferacetatlösung (1%)	3 Capillarpipetten (G 1, Abb. 6)
Essigsäure (30 oder 50%)	1 Mikrorührer (G 7)
Ammoniumacetat, fest	1 Mikrospatel
Kaliumnitrit, fest	1 Heizblock (M 1, Abb. 57)
	1 Mikroskop

Kristallfällung $K_2PbCu(NO_2)_6$. 1 Tropfen einer Bleiacetatlösung wird mittels einer Capillarpipette der Standflasche entnommen und auf den Objektträger überführt. Daneben tippt man die mehrfache Menge einer Kupferacetatlösung ab und vermengt die Lösungen mittels eines Glasfadens, den man sich aus einer Capillare auszieht.

Man dampft die Mischung auf dem Objektträger ein, wobei sie aber nicht zum Sieden kommen darf, da sonst Braunfärbung auftritt. Hierauf wird durch Auflegen auf einen kalten Metallgegenstand (Mikroskopfuß) rasch abgekühlt. Die Zeit der Abkühlung wird zur Herstellung der Reagensmischung benützt. Sie besteht aus gleichen Teilen Wasser, Eisessig und konzentrierter Ammoniumacetatlösung. Ein Tropfen dieser Lösung wird mit einem Tropfen gesättigter Kaliumnitritlösung gemischt. Etwa

dieselbe Lösung wird erhalten, indem man einen Tropfen 30% ige
Essigsäure erst mit Ammoniumacetat und dann mit Kaliumnitrit
sättigt. (Die Güte dieser Reagensmischung erkennt man an dem
Aufperlen von nitrosen Gasen.)

Von diesem Reagens bringt man mittels einer feinen Glas-
capillarpipette einen Tropfen auf die eingedunstete Blei-Kupfer-
salzmischung. Das sich bildende Kalium-Kupfer-Bleinitrit scheidet
sich sofort in Form brauner bis schwarzer würfelförmiger Kristalle
ab, deren Ausbildung unter dem Mikroskop beobachtet werden
kann und die eine Größe von 10—25 μ erreichen können, in der
Regel aber weit kleiner ausfallen. Beobachtung bei 100facher
Vergrößerung ohne Auflegen eines Deckgläschens genügt. Will
man die Kristalle messen, so wird dies mittels eines Mikrometers
durchgeführt. Dieser Versuch, der auch mit $^1/_{10}$ der angegebenen
Menge wiederholt werden kann, ist sehr empfindlich. Wichtig ist,
daß der einzudampfende Tropfen keine zu große Fläche bedeckt,
und daß vom Reagens recht wenig genommen wird. Ist die Flüssigkeitsmenge, die man auf einen kleinen Raum einengen will, groß,
so läßt man sie in ein Capillarrohr aufsteigen, bläst ein wenig davon
auf den Objektträger, dampft ein und wiederholt den Vorgang so-
lange als notwendig.

Bei sehr kleinen Mengen an Blei wird die Probe nach ungefähr
$^1/_4$ Std wieder betrachtet und dann erst definitive Entscheidung
über An- oder Abwesenheit des Kations getroffen.

Den Nachweis des Pb-Ions als Kaliumkupferbleinitrit von der
Formel $K_2PbCu(NO_2)_6$ hat H. BEHRENS zuerst angewandt, die
Analyse des Salzes stammt von VAN LESSEN. Das sogenannte
Tripelsalz wird durch Ammoniak entfärbt. Nach BEHRENS kann
man die Empfindlichkeit dieser Reaktion durch Zusatz von
Caesiumchlorid steigern, da dann das weit schwerer lösliche, allerdings auch kleinere Kristalle bildende Caesiumtripelsalz ausfällt.
Es ist aber, wie N. SCHOORL bemerkt und F. EMICH bestätigt,
große Vorsicht erforderlich, da unter den gegebenen Bedingungen
auch bei Abwesenheit von Blei leicht Kristallfällungen entstehen,
die mit dem Bleitripelsalz verwechselt werden können. Caesiumchlorid bildet außerordentlich viele Doppelsalze. Diese Reaktion
wird im allgemeinen durch die Gegenwart anderer Stoffe nicht
gestört. Lediglich Hg (300fache Menge), Bi und zweiwertiges Sn
stören. In Bezug auf das Blei-Kupferverhältnis hat N. SCHOORL
gefunden, daß das Verhältnis 1000:1 und 1:300 die Grenzverhält-
nisse darstellen.

Bei sehr kleinen Mengen ist ein entsprechend kleinerer Tropfen
des Reagens zu nehmen. Lit.: (3).

3. Übung

Nickel (TSCHUGAEFF-Reaktion)

Reagentienbedarf:	*Gerätebedarf:*
Nickelacetatlösung (1%)	1 Objektträger
alkohol. Diacetyldioxim 1%ig	1 Capillarpipette (G 1, Abb. 6)
	1 Mikroskop mit Polarisations-
	einrichtung
	1 Heizblock (M 1, Abb. 57)

Als Kristallfällung unter dem Mikroskop. Ein Tropfen der stark verdünnten Nickelsalzlösung wird mittels einer Capillarpipette auf einen Objektträger gebracht. Nach Beigabe eines Tropfens einer alkoholischen Diacetyldioximlösung erwärmt man den Objektträger mit der Probe gelinde auf dem Heizblock.

Das zweiwertige Nickel-Ion bildet mit Diacetyldioxim in Lösung ein inneres Komplexsalz. Dieses ist das schwerstlösliche Salz, welches das Diacetyldioxim nach folgendem Schema bilden kann:

$$
2\ \begin{array}{c} CH_3-C=NOH \\ | \\ CH_3-C=NOH \end{array} + Ni^{\cdot\cdot} \longrightarrow \begin{array}{c} CH_3-C=NO \diagdown \diagup ON=C-CH_3 \\ | \qquad\qquad Ni \qquad\qquad | \\ CH_3-C=N \diagup\diagdown N=C-CH_3 \\ | \qquad\quad | \\ OH \qquad OH \end{array}
$$

Störend wirken wegen ihrer Farbe Eisen(III)- und Kobalt(II)-Salze. Nach F. EMICH geben Kupfer(II)-Lösungen eine ähnliche Reaktion. Das entstandene Nickeldiacetyldioxim zeigt unter dem Mikroskop *Pleochroismus*, der nach F. EMICH von Rot nach Gelb sein soll, oft aber von Rot nach Blau festgestellt wird.

Pleochroismus. Bei gefärbten doppelbrechenden Objekten wechselt nicht nur die Lichtgeschwindigkeit, sondern auch die Lichtabsorption mit der Richtung. Die beiden Komponenten, in die jeder eintretende Lichtstrahl zerlegt wird, verlassen darum auch das Objekt mit verschiedener Intensität und Farbe (im weißen Licht) und setzen sich zu einer Mischfarbe (der „Flächenfarbe") zusammen. Doppelbrechende Substanzen können darum schon im natürlichen Licht je nach der Orientierung verschiedene Farbe zeigen; meist sind jedoch die Unterschiede nur gering. Deutlicher wird die Erscheinung, wenn wir die Absorption der Schwingungsebenen gesondert untersuchen. Wir schalten hierzu nur den Polarisator in den Strahlengang des Mikroskopes ein. Wird nun das pleochroitische Objekt auf dem Objekttisch des Mikroskopes, oder entsprechend der Polarisator, so gedreht, daß eine seiner Schwingungsebenen mit der Schwingungsrichtung des einfallenden Lichtes übereinstimmt, so beobachten wir die Absorption dieser Richtung allein. Nach Drehung um 90° kann man dann die Absorption in der anderen Schwingungsrichtung untersuchen. In den Zwischenlagen sind wieder Mischfarben zu sehen.

F. EMICH gibt an, daß die Kriställchen, die sich aus Kupfer(II)-Lösung mit Dimethylglyoximlösung bilden, ebenfalls pleochroitisch sind. Allerdings sind die Kristalle der Kupferverbindung nicht fein nadelförmig, sondern derb prismatisch. Ein weiterer Unterschied besteht darin, daß die rote Farbe bei der Nickelverbindung auftritt, wenn die Polarisationseinrichtung des Nikols senkrecht zur Längsrichtung der Nadel steht, die Kupferverbindung hingegen diese Erscheinung bei Parallelrichtung zeigt. Lit.: (5).

Als Tüpfelreaktion. Auf Filtrierpapier oder auf einer Tüpfelplatte werden je ein Tropfen der Probelösung und alkoholischer Diacetyldioximlösung vereinigt, über Ammoniak gehalten bzw. ein Tröpfchen verdünnten Ammoniaks zugesetzt. Die Bildung eines roten Fleckes oder Kreises bzw. eines Niederschlages von der gleichen Farbe zeigt Anwesenheit von Nickel an.

Erfassungsgrenze: 0,16 μg Nickel.
$pD = 5{,}47$.

Weitaus empfindlicher ist der Nickelnachweis, wenn man einen Tropfen der Probelösung auf Tüpfelpapier bringt, das vorher mit einer 1%igen alkoholischen Lösung von Diacetyldioxim imprägniert und hernach getrocknet worden ist. Es lassen sich dann 0,015 μg Ni ($pD = 6{,}5$) nachweisen Lit.: (7).

4. Übung

Kobalt

Reagentienbedarf:

Nitrosonaphthollösung (1 g α-Nitroso-β-naphthol wird in 50 cm³ Eisessig gelöst und mit Wasser auf 100 cm³ verdünnt)

2 n-Schwefelsäure
Kobaltsalzlösung (1 %)

Gerätebedarf:

Tüpfelpapier (Schleicher & Schüll 601)
2 Capillarpipetten (G 1, Abb. 6)

Auf Filtrierpapier werden nacheinander je ein Tropfen der neutralen oder schwach sauren Probelösung und Nitrosonaphthol aufgebracht. Ein brauner Fleck zeigt die Anwesenheit von Kobalt an.

Liegt eine stark saure Lösung vor, so empfiehlt es sich, das Filtrierpapier nach Aufbringen eines Tropfens zunächst zwecks Neutralisation der Säure über ein Schälchen mit Ammoniak zu halten, dann 1 Tropfen Nitrosonaphthol aufzubringen und zuletzt mit 1 Tropfen Schwefelsäure anzutüpfeln.

Erfassungsgrenze: 0,05 μg Kobalt.
$pD = 6$.

Nach W. Böttger lassen sich noch 0,006 μg Kobalt in einem Tropfen von 0,01 ml erkennen, wenn man statt einer essigsauren eine alkalische Reagenslösung verwendet. Diese wird folgendermaßen hergestellt: 0,1 g α-Nitroso-β-naphthol werden in 20 ml Wasser unter Zusatz von 1 ml verdünnter Natronlauge unter Erwärmung gelöst, filtriert und das klare Filtrat auf 200 ml verdünnt. Bei der Verwendung von β-Nitroso-α-naphthol können noch kleinere Kobaltmengen nachgewiesen werden.

Reaktionsmechanismus. Aromatische α-Isonitrosoketon-Verbindungen, welche die Gruppe

$$\begin{array}{cc} —C— & C— \\ \| & \| \\ O & N—OH \end{array}$$

enthalten, liefern mit Kobaltsalzen Niederschläge der entsprechenden innerkomplexen Verbindungen des dreiwertigen Kobalts.

Die Kobaltsalze

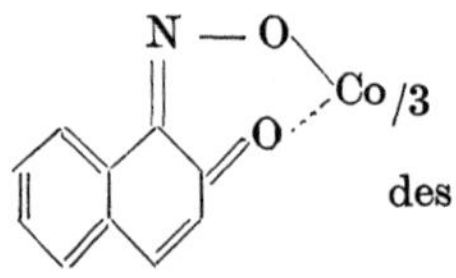

des α-Nitroso-β-naphthols und des β-Nitroso-α-naphthols sind, einmal hergestellt, in Mineralsäuren unlöslich, entstehen aber nur in schwach sauren, neutralen oder ammoniakalischen Lösungen. Dieses Verhalten ist darauf zurückzuführen, daß die Isonitrosoketone als tautomere Verbindungen in zwei miteinander im Gleichgewicht stehenden Formen

$$\text{I}\quad \begin{array}{cc} —C— & C— \\ \| & \| \\ O & N—OH \end{array} \quad \rightleftharpoons \quad \begin{array}{cc} —C= & C— \\ | & | \\ OH & NO \end{array}\quad \text{II}$$

vorliegen, von denen lediglich die Form I zur Salzbildung mit Kobalt befähigt ist. In stark saurer Lösung liegt das Gleichgewicht weitgehend auf der Seite der Form II, und daher ist die Bildung eines Kobaltsalzes nicht oder nur unvollständig möglich (7).

5. Übung

Eisen

1. a) mit Kaliumhexacyanoferrat(II)

Reagentienbedarf:

Gerätebedarf:

Eisen(III)-Salzlösung (1%)
Kaliumhexacyanoferratlösung
(1%)

1 Tüpfelplatte (G 3)
oder Tüpfelpapier
2 Capillarpipetten (G 1, Abb. 6)

Kaliumhexacyanoferrat(II) bildet mit Eisen(III)-salzen in saurer Lösung das sogenannte Berlinerblau $Fe_4[Fe(CN)_6]_3$. Auf der Tüpfelplatte oder auf Filtrierpapier werden 1 Tropfen der Probelösung und der Kaliumhexacyanoferrat (II)-Lösung miteinander vereinigt. Hierbei ist die Reaktion auf der Tüpfelplatte weit empfindlicher als auf dem Tüpfelpapier.

Erfassungsgrenze: 0,1 μg Eisen (auf Papier),
0,05 μg (auf Tüpfelplatte).

$pD = 5,7$ (auf Papier)
6,0 (auf Tüpfelplatte).

Spezifität der Reaktion. Im Vergleich zu anderen Eisenreaktionen ist die vorliegende nicht sehr empfindlich und weist auch keine große Spezifität auf. Für laufende Analysen ist sie jedoch wegen ihrer Einfachheit sehr gut verwendbar. Zahlreiche Ionen ergeben Fällungen. Nach der Schreibweise der ,,Commission Internationale des Réactions et Réactifs analytiques nouveaux de l'Union Internationale de Chimie" kommt der Reaktion eine Empfindlichkeit von $pD = 4,48$ zu. Die Empfindlichkeit wird durch die Anwesenheit der nachstehenden Ionen in einem Verhältnis von 100:1 nicht beeinträchtigt: As, Sb, Sn, Au, Pd, Al, Seltene Erden, Erdalkalien, Alkalien. Die Empfindlichkeit der Reaktion sinkt bei Anwesenheit der Elemente: Ag, Pb, Bi, Cd, Se, Cr, Pt, Zn, Mn und Ni in einem Verhältnis von 30:1 auf pD 4,0. Besonders stark drückt die Anwesenheit des Kations Cu auf die Empfindlichkeit. Diese sinkt auf $pD = 2,78$. Die Anionen F^- und PO_4^{3-} hingegen verhindern den Eisennachweis, da sie das Kation Fe^{3+} maskieren. Lit.: (7), (8).

1. b) mit Kaliumhexacyanoferrat(III)

Reagentienbedarf:

Gerätebedarf:

Kaliumjodidlösung (1%)
Natriumthiosulfatlösung (1%)
Kaliumhexacyanoferrat(III)-
lösung (1%)

1 Tüpfelplatte (G 3)
2 Capillarpipetten (G 1, Abb. 6)

Kaliumhexacyanoferrat(III) bildet mit Eisen(II)-salzen in saurer Lösung das sogenannte Turnbullsblau $Fe_3[Fe(CN)_6]_2$.

Sofern das Eisen dreiwertig vorliegt, muß es vor dem Nachweis in die zweiwertige Form übergeführt werden. Zu diesem Zweck vereinigt man auf der Tüpfelplatte 1 Tropfen der Probelösung mit 1 Tropfen Kaliumjodid und Natriumthiosulfat. Dadurch wird etwa anwesendes Kupfer(II), das mit Kaliumhexacyanoferrat(II) bekanntlich braunes Kupferhexacyanoferrat(II) $Cu_2Fe(CN)_6$ bildet, in die gegen Kaliumhexacyanoferrat(II) beständige Kupfer(I)-Form übergeführt.

Die zugrunde liegenden Umsetzungsgleichungen sind:

$$Fe^{+++} + J^- = Fe^{++} + J$$
$$2\ Cu^{++} + 2\ J^- = 2\ Cu^+ + J_2$$
$$2\ Fe^{+++} + 2\ S_2O_3^= = 2\ Fe^{++} + S_4O_6^=$$
$$2\ J + 2\ S_2O_3^= = S_4O_6^= + 2\ J^-$$

Zuletzt tüpfelt man mit 1 Tropfen Kaliumhexacyanoferrat(III)-Lösung an. Bei Anwesenheit von Eisen erscheint ein blaugrüner Ring.

Erfassungsgrenze: 0,7 μg Eisen

$pD = 4{,}85$.

Lit.: (7).

Eisen

2. Nachweis mit Kaliumrhodanid

Reagentienbedarf:
Eisen(III)salzlösung
Kaliumrhodanidlösung (1%)

Gerätebedarf:
1 Tüpfelplatte (G 3)
2 Capillarpipetten (G 1, Abb. 6)

Eisen(III)salze bilden mit Rhodaniden in saurer Lösung das tiefrote, lösliche Eisen(III)rhodanid:

$$Fe^{+++} + 3\ CNS^- = Fe(CNS)_3.$$

Gleichzeitig anwesende Phosphate, Arsenate, Oxalate, Tartrate oder andere organische hydroxylhaltige Verbindungen, Fluoride, kurz sämtliche Verbindungen, welche mit Eisen(III)-salzen stabile Komplexverbindungen liefern, können je nach ihrer Menge die Konzentration des Eisen(III)-Ions so weit herabsetzen, daß das für obige Reaktion erforderliche Ionenprodukt nicht mehr erreicht wird. Dann kann auch bei beträchtlichen Eisengehalten die empfindliche Rhodanreaktion ausbleiben. Das gleiche gilt auch bei der Anwesenheit von Quecksilber-Ionen, da diese sich mit Rhodan-Ionen unter Bildung von wenig dissoziiertem Quecksilberrhodanid $Hg(CNS)_2$ vereinigen.

Bei Anwesenheit von Nitriten ist zu beachten, daß diese in saurer Lösung durch Bildung von Nitrosylrhodanid $NO \cdot CNS$ (gemeinsames Anhydrid der salpetrigen und Rhodanwasserstoffsäure) eine Rotfärbung hervorrufen können, die jener des Eisenrhodanids sehr ähnlich ist.

Die Reaktion wird auf der Tüpfelplatte ausgeführt. Man vereinigt 1 Tropfen der Probelösung mit einem Tropfen Kaliumrhodanid. Die auftretende Rotfärbung ist je nach der vorhandenen Eisenmenge mehr oder weniger intensiv.

Erfassungsgrenze: 0,25 μg Eisen
$pD = 5,3$
Lit.: (7)

Eisen

3. Nachweis mit o-Phenanthrolin

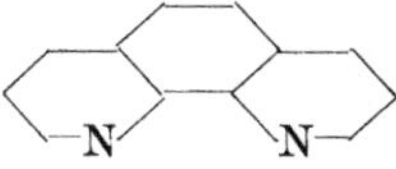

Reagentienbedarf:	*Gerätebedarf:*
0,025 molare Lösung von o-Phenanthrolin in Wasser Hydroxylaminchlorhydrat Eisensalzlösung	1 Tüpfelplatte (G 3) 2 Capillarpipetten (G 1, Abb. 6)

Man überträgt mittels einer Capillarpipette 1 Tropfen der leicht sauren Probeflüssigkeit auf eine Tüpfelplatte, tippt einige Kriställchen Hydroxylaminchlorhydrat daneben, um das Eisen zu reduzieren, und setzt schließlich 1 Tropfen der Reagenslösung zu. Bei Gegenwart von Eisen zeigt sich eine rote Färbung.

Spezifität und Empfindlichkeit. Das Eisen muß in seiner zweiwertigen Form vorliegen ($pD = 6,18$).

Die Reaktion ist ausgezeichnet und sehr spezifisch. Iridium stört, da es mit dem Reagens eine zinnoberrote Fällung ergibt. Die Empfindlichkeit sinkt auf $pD = 4,18$ durch die Anwesenheit des Kations Cu^{++} im Verhältnis 50:1; die Kationen Sb^{5+} und Co^{++} im Verhältnis 500:1 geben eine Empfindlichkeit von $pD = 5,18$.

Die folgenden Elemente stören nicht, selbst in einem Verhältnis von 5000:1: Ag, Hg, Pb, Bi, Cd, As, Sb^{+3}, Sn, Au, Pd, Se, Pt, Te, Mo, W, V, Al, Cr, Seltene Erden, Zn, Mn, Ti, Alkali, Erdalkali. Die Anionen F^-, PO_4^{3-} stören diese Nachweisreaktion für Eisen *nicht!*
Lit.: (8)

6. Übung

Trennung:

Nachweis kleiner Nickelmengen neben Kobalt und Eisensalzen

Reagentienbedarf:	*Gerätebedarf:*
Kobaltsalzlösung (1%)	1 kleiner Spitzbecher (G 5b,
Eisen(III)salzlösung (1%)	Abb. 9)
Nickelsalzlösung (0,1%)	3 Capillarpipetten (G 1)
Gesätt. Kaliumcyanidlösung	1 Mikrorührer (G 7)
(frisch bereitet)	1 Mikrospatel
Diacetyldioxim, fest	1 Zentrifuge (M 3, Abb. 66)
Formaldehyd	

Man bringt drei Tropfen der zu prüfenden Probelösung in einen kleinen Spitzbecher und versetzt unter Erwärmen mit gesättigter Kaliumcyanidlösung, bis der zunächst gebildete Niederschlag wieder gelöst ist. Hierauf setzt man einige Körnchen Diacetyldioxim zu, verrührt mit einem Glasstab und läßt einige Minuten stehen. Bei Anwensenheit von Nickel ist die Probe durch Nickeldiacetyldioxim rot gefärbt. Den Niederschlag kann man abzentrifugieren und unter dem Mikroskop (siehe Übung 3) betrachten.

Beim Nachweis kleiner Nickelmengen neben Kobalt und Eisen ist zu beachten, daß Co- und Fe(III)salze, die jedes für sich mit Diacetyldioxim keine unlöslichen Verbindungen liefern, bei *gleichzeitiger* Gegenwart einen rotbraunen Niederschlag bilden, der nach I. G. WEELDENBURG eine Komplexverbindung zwischen Eisen, Kobalt und Diacetyldioxim darstellt. Die Bildung dieser Verbindung kann den Nachweis kleiner Nickelmengen beeinträchtigen. Unter Einhaltung bestimmter Versuchsbedingungen kann jedoch Nickel auch neben viel Eisen und Kobalt leicht erkannt werden. Das auch als Tüpfelreaktion anwendbare Verfahren besteht darin, vorerst das Co, Fe und Ni durch Zusatz von Kaliumcyanid (und eventuell Wasserstoffperoxyd) in die komplexen Cyanide K_2[Ni(CN)$_4$], K_3[Fe(CN)$_6$] und K_3[Co(CN)$_6$] überzuführen und dann nach Zugabe von Formaldehyd die Diacetyldioximreaktion auszuführen. Durch Formaldehyd wird nämlich das komplexe [Co(CN)$_6$]$^{3-}$-Ion und [Fe(CN)$_6$]$^{3-}$ nicht verändert, und es bleibt demnach das Kobalt bzw. Eisen in einer gegen Diacetyldioxim resistenten Verbindungsform erhalten. Hingegen wird der K_2[Ni(CN)$_4$]-Komplex durch Formaldehyd unter Bildung der Kaliumverbindung des Glykolsäurenitrils zu Nickelcyanid zerlegt, welches mit Diacetyldioxim sofort reagiert.

Die dem Nachweis von Nickel in Kobaltsalzen zugrunde liegenden chemischen Umsetzungen sind:

1. Überführung von Nickel und Kobalt in komplexe, lösliche Cyanverbindungen:

$$Co^{++} + 2\ CN^- = Co(CN)_2$$
$$Co(CN)_2 + 4\ KCN = K_4\,[Co(CN)_6]$$
$$2\ K_4\,[Co(CN)_6] + H_2O_2 = 2\ K_3\,[Co(CN)_6] + 2\ KOH$$
$$Ni^{++} + 2\ CN^- = Ni(CN)_2$$
$$Ni(CN)_2 + 2\ KCN = K_2\,Ni(CN)_4$$

2. Zerlegung des komplexen Nickelsalzes durch Formaldehyd:

$$K_2\,[Ni(CN)_4] + 2\ CH_2O = Ni(CN)_2 + 2\ CH_2 \begin{smallmatrix} \nearrow OK \\ \searrow CN \end{smallmatrix}$$

(Kaliumsalz des Glykolsäurenitrils)

3. Nickeldiacetyldioximfällung:

$$Ni(CN)_2 + 2\ C_4H_8N_2O_2 = Ni(C_4H_7N_2O_2)_2 + 2\ HCN$$

Lit.: (7)

7. Übung

Kupfer

1. Tüpfelreaktion auf Tüpfelpapier

Reagentienbedarf:

Kupfersalzlösung (1%)
alkohol. Benzoinoximlösung
   (5%)
Seignettesalzlösung (10%)
Ammoniak

Gerätebedarf:

2 Capillarpipetten (G 1)
Tüpfelpapier

Die Reaktion wird auf Filtrierpapier ausgeführt. Ein Tropfen der schwach sauren Probelösung wird mit 1 Tropfen Benzoinoxim angetüpfelt und über Ammoniak gedämpft. Eine Grünfärbung zeigt Kupfer an. Bei Anwesenheit größerer Mengen durch Ammoniak fällbarer Ionen wird vor Zusatz des Benzoinoxims ein Tropfen Seignettesalzlösung auf das Papier gebracht.

Erfassungsgrenze: 0,1 μg Kupfer
Grenzkonzentration: 1:500000

In Kupferlösungen liefern die sogenannten Acyloinoxime Verbindungen, von der allgemeinen Formel RCH(OH)C(NOH)R, unlösliche, flockige, grüne Niederschläge von der Zusammensetzung:

$$\begin{array}{ccc} RCH & \!\!\!\!-\!\!-\!\!-\!\! & CR \\ | & & \| \\ O & & NO \\ \searrow & Cu & \swarrow \end{array}$$

Die Unlöslichkeit des grünen Kupferbenzoinoxims in Ammoniak ist wahrscheinlich auf eine Absättigung des Nebenvalenzfeldes des Kupfers durch die beiden Phenylreste zurückzuführen, etwa entsprechend der Formel einer Innerkomplexverbindung:

$$C_6H_5\text{—}CH\text{———}C\text{—}C_6H_5$$

wodurch das Kupferatom die Fähigkeit verliert, Ammoniakmoleküle zu addieren und dadurch als Kupferamminsalz in Lösung zu gehen. Sind durch Ammoniak fällbare Metallsalze in solcher Menge zugegen, daß dadurch die Erkennung des Kupferbenzoinoxims erschwert oder verhindert würde, dann läßt sich durch Zusatz von Seignettesalz die Fällung verhindern; die Empfindlichkeit des Kupfernachweises wird durch eine große Tartratkonzentration allerdings etwas herabgesetzt. Große Mengen von Ammoniumsalzen verhindern die Fällung des Kupferbenzoinoxims. Es empfiehlt sich daher, falls stark saure oder ammoniumsalzhaltige Lösungen vorliegen, einen Tropfen davon einzudampfen und abzuglühen und erst nach Wiederaufnahme in verdünnter Säure die Benzoinoximreaktion anzustellen.

2. Akroreaktion

Reagentienbedarf:

(siehe 7. Übung 1)

Gerätebedarf:

Akrostreifen aus Filtrierpapier Sch. & Sch. 589
2 Capillarpipetten (G 1)
1 Pinzette
1 Objektträger
1 Heizblock (M 1, Abb. 57)

Man setzt auf einen Objektträger 1 Tropfen (etwa 0,05 ml) einer sehr verdünnten Kupfersalzlösung und legt den Objektträger auf einen warmen Heizkörper. Während der Tropfen nun langsam verdunstet, saugt man einen kleinen Teil desselben in die äußerste Spitze des mittels einer Pinzette gehaltenen Akrostreifens. Man trocknet diese über dem Heizblock und wiederholt die Operation so lange, bis man die gesamte Probe in der Spitze angereichert hat. Nun saugt man einen Tropfen der Benzoinoximlösung auf und dämpft über Ammoniak. Eine Grünfärbung zeigt Kupfer an.

Erfassungsgrenze: 0,0015 μg Cu

$pD = 5{,}50$

Gegenüberstellung der Empfindlichkeiten einiger Nachweise bei Akro- bzw. Tüpfelreaktionen

Nachzuweisender Stoff	Reagentien	Tüpfelreaktion Erfassungsgrenze in μg	Akroreaktion Erfassungsgrenze in μg
Fe(III)	Kaliumhexacyanoferrat (II)	0,1	0,0017
Fe(III)	Kaliumrhodanid	0,25	0,0035
Ni	Diacetyldioxim	0,16	0,0035
Kupfer	Benzoinoxim	0,1	0,0015

Lit.: (9)

8. Übung

Kupfer

Nachweis mit Diäthyldithiocarbamat

Reagentienbedarf:

Natriumdiäthyldithiocarbamat
(5%ig) in doppelt-
destilliertem Wasser
Kupfersalzlösung
Zinksalzlösung (3% Zn^{++})

Gerätebedarf:

Spitzbecher (G 5, Abb. 8)
Capillarpipetten (G 1)
Tüpfelpapier

Kupfer gibt mit Natriumdiäthyldithiocarbamat einen gelben bis braunen wasserunlöslichen Komplex, der jedoch in organischen Lösungsmitteln wie Äther, Chloroform oder Äthylacetat gut löslich ist, was für Kupferextraktionen aus der wäßrigen Phase von großer Bedeutung ist. Bei geringer Kupferkonzentration bildet sich der Niederschlag kolloidal und bleibt suspendiert, kann daher zu colorimetrischen Bestimmungen herangezogen werden.

Nachweis im Spitzbecher. Man versetzt je 1 ml der Kupferlösung einer Verdünnungsreihe mit 3 Tropfen Carbamatreagens. Bei der Berechnung der Empfindlichkeit berücksichtigt man nur das Volumen der Kupferlösung (1 ml).

Erfassungsgrenze: 0,50 μg Kupfer.

$pD = 6,3$.

Topochemische Reaktion auf Reagenzpapier

Unter topochemischen Reaktionen versteht man Reaktionen mit Ionen, Atomen und Molekülen an der Oberfläche fester Stoffe. Solche Reaktionen sind für die Tüpfelanalyse von großer Bedeutung, z. B. Tüpfeln auf Tüpfelpapier, das verschieden vorbehandelt ist:

a) das Papier wird mit einem wasserlöslichen Reagens imprägniert, getrocknet und dann mit dem Probetropfen versetzt,

b) das Papier wird mit einem wasserunlöslichen Reagens imprägniert, getrocknet und mit dem Probetropfen versetzt,

c) das Papier wird zuerst mit einer Salzlösung imprägniert, dann in das Reagens getaucht. Es bildet sich am Papier eine unlösliche Verbindung mit dem Reagens. Nach dem Trocknen versetzt man mit dem Probetropfen.

Im ersten Fall verbreitet sich der Probetropfen capillar auf dem Papier, im zweiten und dritten verhindert die Reaktion auf dem Reagens bzw. wasserunlöslichen Komplex das Auseinanderlaufen des Probetropfens weitgehend, und die Nachweisempfindlichkeit kann so um Zehnerpotenzen gesteigert werden.

Ausführung. Zunächst wird ein Probetropfen einer Verdünnungsreihe der Kupferlösung auf dem Tüpfelpapier mit dem Carbamatreagens vereinigt.

Grenzkonzentration. 0,02 μg Kupfer, $pD = 6$.

Nun imprägniert man das Tüpfelpapier vorerst mit der Zinksalzlösung, trocknet bei 105° und taucht nachher in die Reagenslösung. Es bildet sich Zinkdiäthyldithiocarbamat, welches mit Kupferlösung ebenfalls unter Bildung von braunen Flecken reagiert, die Flecken sind jedoch kleiner und dunkler, daher besser sichtbar.

Grenzkonzentration. 0,002 μg Kupfer, $pD = 7$.

Sofern man Tüpfelpapier mit Natriumdiäthyldithiocarbamat imprägniert, darf es beim Trocknen nicht über 50° erhitzt werden
Lit.: (8).

9. Übung

Aluminium

Reagentienbedarf:	*Gerätebedarf:*
Morin in Methylalkohol (gesätt. Lösung)	1 Tüpfelplatte (G 3) Jenaerglas oder schwarz glasiert
2 n-Kalilauge	1 kl. Spitzbecher (G 5 b, Abb. 9)
2 n-Essigsäure	3 Capillarpipetten (G 1)
Aluminiumsalzlösung 1 %ig	1 Mikrorührer (G 7)
	UV-Licht

Um Aluminium neben anderen Metallen nachzuweisen, welche mit Morin Farb- oder Niederschlagsreaktionen liefern, fällt man die zu prüfende Lösung mit Kalilauge. Hierauf versetzt man einen

Tropfen des Filtrates auf einer schwarzen Tüpfelplatte mit 2n-Essigsäure bis zur sauren Reaktion und fügt 1 Tropfen der Morinlösung zu. Im ultravioletten Licht ist bei Anwesenheit von Aluminium das Auftreten einer grünen Fluorescenzfarbe zu erkennen.

Erfassungsgrenze: 0,2 μg Aluminium.

$pD = 5,40$.

Spezifität der Reaktion. Die Empfindlichkeit dieser Reaktion wird durch die Anwesenheit der Elemente Cr, U, Ce, La, Zn, Mn, Co und Ni nicht beeinträchtigt, sofern die Ionen dieser Elemente in einem Verhältnis 100:1 vorliegen. Die Elemente Au, Mo, V und Ti vermindern die Stärke der Fluorescenz genau so wie die Anwesenheit von Fe-Ion in einem Verhältnis von 10:1. Sb und Zn zeigen eine schwache Fluorescenz.

Das Morin, der Farbstoff des Gelbholzes ($C_{15}H_{10}O_7 \cdot 2\,H_2O$), ist 3,5,7,2',4'-Pentaoxy-flavon und liefert mit Al-salzen in neutraler oder saurer Lösung eine intensiv grüne Fluorescenz, welche von einem neutralen kolloidal gelösten Al-salz des Morins $Al(C_{15}H_9O_7)_3$ herrührt. Näheres über diese Verbindung ist noch nicht bekannt.

Lit.: (7), (8).

10. Übung

Wasserstoffperoxyd

Reagentienbedarf:	*Gerätebedarf:*

Vanillinsalzsäure (0,1 g
   Vanillin 1 ml Alkohol, 9 ml
   25% Salzsäure)
Wasserstoffperoxyd (1%)
	1 Objektträger
	1 Mikroskop
	2 Capillarpipetten (G 1)

Ein Tropfen der auf Wasserstoffperoxyd zu untersuchenden Flüssigkeit wird auf einem Objektträger mit einem Tropfen 1%iger Vanillinsalzsäure versetzt. Bei Gegenwart etwas größerer Mengen Wasserstoffperoxyd tritt nach 5—10 min eine rötlichbraune Färbung der Flüssigkeit ein. Beim allmählichen freiwilligen Verdunsten der Flüssigkeit scheiden sich dann schwarzviolette bis schwarzblaue, haarfeine Nadeln ab, die zu schön verzweigten Gebilden vereinigt sind. Zuweilen entstehen auch dichtere Kristallaggregate, die schwarz erscheinen.

Die Empfindlichkeit dieser Probe bleibt hinter der Jodstärkeprobe erheblich zurück, ist aber dafür für Wasserstoffperoxyd spezifisch. Inwieweit andere Beimengungen die Reaktion stören oder verhindern ist noch nicht näher untersucht worden. Das Reaktionsprodukt ist schwer löslich in heißem Wasser mit rötlichgelber Farbe, löslich in warmem Alkohol mit violetter Farbe. Sein Schmelzpunkt liegt bei etwa 200° C. Der Nachweis läßt sich auch zur chemischen Identifizierung geringer Mengen von Vanillin verwenden.

Empfindlichkeit: 25 μg in einem Tropfen (0,02 ml).

Lit.: (10).

11. Übung

Phosphorsäure. (Orthophosphat-Ion PO_4^{3-})

Reagentienbedarf:	*Gerätebedarf:*
Ammoniummolybdat + Chininsulfat (4 g Ammoniummolybdat + 0,1 g Chininsulfat in 100 ml Salpetersäure $d = 1,4$)	1 Spitzbecher (G 5a, Abb. 8)
	2 Capillarpipetten (G 1, Abb. 6)
	1 Heizblock (M 1, Abb. 57, 58)

$MoO_4(NH_4)_2 + 2\ C_{20}H_{24}O_2N_2 \cdot SO_4H_2 \cdot NOH_2$

Orthophosphat-Lösung

Etwa 0,5 ml der auf Phosphat-Ion zu untersuchenden Lösung werden in einen Spitzbecher gegeben. Nach Zusatz von etwa der gleichen Menge Reagens stellt sich, gegebenenfalls unter leichter Erwärmung im Heizblock, nach einigen Minuten eine intensiv gelbe Fällung ein.

Empfindlichkeit und Spezifität. $pD = 5,70$ gegenüber der klassischen Reaktion (Phosphation + Molybdänsäure) mit $pD = 5,0$.

Reduzierende Ionen, wie S^{2-} oder $S_2O_3^{2-}$ stören, weil sie das Molybdän reduzieren (blaue Färbung). Das Anion $[Fe(CN)_6]^{4-}$ stört, da es eine rote Färbung gibt.

Die Anionen AsO_3^{3-} und SiO_3^{2-} geben die gleiche Reaktion, aber mit einer wesentlich geringeren Empfindlichkeit; zur Entfernung dieser störenden Anionen wird das SiO_3^{2-} durch seine Unlöslichkeit in Salzsäure und das Anion AsO_3^{3-} durch Fällung mit Schwefelwasserstoff behandelt. Die Empfindlichkeit des Orthophosphat-Nachweises wird durch die Anwesenheit anderer Anionen *nicht* gestört!

Lit.: (8).

12. Übung

Stickstoffin organischen Substanzen

Reagentienbedarf:	*Gerätebedarf:*

Geglühter Kalk + Braunstein 10:1
Silber-Mangannitrat-Reagens
Benzidinacetatlösung

1 Glühröhrchen
Reaktionsaufsatz
(G 4, Abb. 7)
2 Capillarpipetten (G 1, Abb. 6)
1 Mikrobrenner
Filtrierpapier

Herstellung der Reagentien. a) Gemenge von geglühtem Kalk und Braunstein im Verhältnis 10:1.

b) Silber-Mangan-Nitrat-Reagens. 2,87 g $Mn(NO_3)_2$ werden in 40 ml Wasser gelöst und filtriert; dazu wird eine Lösung von 1,69 g $AgNO_3$ in 40 ml Wasser gegeben und auf 100 ml aufgefüllt. Nunmehr wird die Lösung mit verdünnter Lauge so lange versetzt, bis eine schwarze Fällung entsteht. Die filtrierte Lösung ist in braunen Flaschen haltbar.

c) Benzidinacetatlösung. Man löst 0,05 g Benzidin in 10 ml Essigsäure, füllt mit Wasser auf 100 ml auf und filtriert.

Durchführung des Nachweises. In ein kleines Glühröhrchen wird eine Spur der auf Stickstoff zu prüfenden Substanz, vermischt mit einem Gemenge von Kalk und Braunstein, gebracht; man kann auch einen Tropfen der Probelösung im Glühröhrchen zur Trockne eindampfen (zweckmäßig durch gleichzeitiges Anschalten einer Wasserstrahlpumpe) und dann den Rückstand mit Kalk-Braunstein vermischen. Hierauf wird die Verbindung zwischen Glühröhrchen und Reaktionsaufsatz mittels eines kurzen Gummischlauches hergestellt. In den Reaktionsaufsatz wurde zuvor ein Stückchen Filtrierpapier, das mit der Reagenslösung (Silber-Mangannitrat-Reagens) befeuchtet worden war, eingeschoben. Nun wird das Glühröhrchen in der Flamme langsam bis zur Rotglut erhitzt; auf dem Filtrierpapier entsteht je nach der vorhandenen Stickstoffmenge ein schwarzer oder grauer Niederschlag, der beim Antüpfeln mit Benzidinacetat sofort blau wird.

Reaktionsmechanismus. Beim Erhitzen stickstoffhaltiger organischer Substanzen mit Kalk entsteht Ammoniakgas, das als NH_4OH mit Mangannitrat in Gegenwart von Silbernitrat nachgewiesen werden kann. Die Umsetzung geht wie folgt vor sich:

1. $Mn(NO_3)_2 + 2\,NH_4OH \rightarrow Mn(OH)_2 + 2\,NH_4NO_3$

Das gefällte $Mn(OH)_2$ wandelt sich bei Autoxydation in hydratisches Mangandioxyd um, das mit Benzidin unter Bildung von Benzidinblau, einer blauen semichinoiden Verbindung reagiert.

2. $Mn(OH)_2 + O = \underbrace{MnO(OH)_2}_{MnO_2 \cdot H_2O}$

Das Silbernitrat wird hierbei zu metallischem Silber reduziert, das seinerseits die Rolle eines Katalysators übernimmt. Die organische Base Benzidin $H_2N \cdot C_6H_4 \cdot C_6H_4 \cdot NH_2$ kann durch zahlreiche Oxydationsmittel und Autoxydationsprozesse in Benzidinblau überführt werden.

3. $2\,[H_2N \cdot C_6H_4 \cdot C_6H_4 \cdot NH_3]X^- + [O] \rightarrow 2\,[H_2N \cdot C_6H_4 \cdot C_6H_4 \cdot \overset{+}{N}H_2]X^- + H_2O.$

(X = einwertiger Säurerest).

Lit.: (7).

13. Übung

Nachweis von Schwefelwasserstoff: In Abwässern und anderen Flüssigkeiten

Reagentienbedarf:

Bleiacetatlösung (33%)
Salzsäure (38%)
Marmor

Gerätebedarf:

1 Erlenmeyer-Kölbchen
Reaktionsaufsatz
(G 4, Abb. 7)
1 Wasserbad
Filtrierpapier Sch. & Sch. 589/2

Zwischen die abgeschliffenen Randflächen des zweiteiligen Reaktionsaufsatzes spannt man mit Hilfe der zwei zugehörigen Federn ein Stück Filtrierpapier, das mit Bleiacetatlösung getränkt ist (überschüssiges Reagens wird durch leichtes Abtupfen mit einem trockenen Stück Filtrierpapier entfernt, damit ein Herablaufen des Reagens an der Aufsatzwandung vermieden wird).

In einen 30 ml-Erlenmeyer-Kolben füllt man 25 ml des zu untersuchenden Wassers, gibt 0,5 ml Salzsäure hinzu und dann 1 g Marmor in Stücken (die Größe wird so gewählt, daß 4 Stückchen etwa 1 g ausmachen). Darauf setzt man sofort mit Hilfe eines durchbohrten Stopfens den Reaktionsaufsatz auf und stellt das Kölbchen aufrecht in ein Wasserbad von 70—80° C. Es beginnt sofort eine lebhafte, feinperlige Gasentwicklung. Nach 15 min nimmt man das Reagenspapier aus dem Reaktionsaufsatz wieder heraus. Entsprechend dem Gehalt des Wassers an Schwefelwasserstoff oder durch verdünnte Salzsäure zersetzlichen Sulfiden hat sich dann ein mehr oder weniger starker, runder und scharf abgegrenzter Farbfleck gebildet, der mit einer Standardreihe oder

Farbskala verglichen werden kann. Man hat so die Möglichkeit auch quantitativ zu arbeiten. Freilich erhebt diese Methode nicht den Anspruch auf große Genauigkeit, jedoch wird sie in den meisten Fällen dem praktischen Bedürfnis in der Trinkwasseranalyse gerecht werden.

Durch bloßes Erwärmen der Probe gelingt es nicht, den Schwefelwasserstoff restlos auszutreiben, erst bei Verwendung eines Trägergases — in diesem Falle CO_2 — und Einhaltung einer bestimmten Temperatur (70—80° C) ist es möglich, den Schwefelwasserstoff quantitativ in das Reaktionsgefäß zu bringen.

Lit.: (11).

IV. Präparative Mikrochemie

Die zu Beginn des praktischen Teiles (Seite 11—54) beschriebenen Gerätschaften aus Glas und Metall ermöglichen die Lösung der verschiedensten präparativen, aber auch präparativ-quantitativen Aufgaben.

Lösen. Die Kühlerkugel (G 11) Abb. 16 ermöglicht in Verbindung mit dem Spitzbecher ein einfaches und schnelles Lösen einer Substanz. Erfordert der Lösungsvorgang, z. B. mit flüchtigen Lösungsmitteln, längere Zeit, so ist es zweckmäßig, unter dem Haubenrückflußkühler (G 38, G 39, Abb. 47, 49) zu arbeiten. Frisches Lösungsmittel kann soweit nötig beim großen Haubenrückflußkühler durch das Kühlerrohr mittels einer Pipette zugegeben werden. Ebenso kann zur Durchmischung der Probe ein Rührwerk eingeführt werden. Als Heizfläche dient hierbei der Heizblock (M 1, Abb. 57). Ein geeignetes Gerät für Lösungszwecke ist auch das Mikrowasserbad (Abb. 62) in Verbindung mit dem Universalheizkörperstativ. Durch Zwischenschalten von Halteringen verschiedener Höhe kann man das Eintauchen der Spitzbecher, die mit dem Glasdeckel (G 9, Abb. 14) bedeckt sind, in die Dampfphase nach Bedarf ändern.

Fällen. Das Fällungsmittel wird in der Regel mit Capillarpipetten (G 20, Abb. 26) tropfenweise zugesetzt. Soll die Fällung bei erhöhter Temperatur durchgeführt werden, so leistet entweder das Mikrowasserbad oder das Luftbad in Verbindung mit einem Thermometer gute Dienste. Zum Schutz gegen Verunreinigungen werden die Spitzbecher mit dem Glasdeckel mit Loch bedeckt; man kann dann gleichzeitig das Rührstäbchen einführen.

Ausschütteln. Häufig hat man in der präparativen Mikrochemie eine Substanz durch Ausschütteln zu isolieren. Für diesen Arbeitsvorgang dienen entweder die bekannten und handelsüblichen Schütteltrichter in kleinerer Ausführung; die durch den Glashahn unvermeidlichen Substanzverluste lassen sich durch Abheben der oberen Flüssigkeitsschicht mit einer Pipette vermeiden. Am besten verwendet man jedoch zum Ausschütteln geringer Substanzmengen die wegen ihrer Form „Storchenschnabel" genannte Pipette (G 34, Abb. 44).

Absaugen von Niederschlägen bzw. Kristallisaten und Umkristallisieren. Ein häufiger Arbeitsvorgang der präparativen Chemie und

Mikrochemie ist das Blankfiltrieren von Lösungen und das Absaugen von Kristallisaten. Diese Operation ist mikrochemisch besonders elegant mit Hilfe der von F. EMICH in die Mikrochemie eingeführten indirekten Filtration (Filterstäbchenmethode) durchzuführen, die S. 82 beschrieben wird. Die Lösungen werden durch Filterstäbchen mit Papierröllchen (G 23) filtriert, die sich für präparative Zwecke in erster Linie eignen. Das Blankfiltrieren wird bisweilen dadurch erschwert, daß sich aus der heißen Lösung Kristalle abscheiden; die Filtrationseinrichtung soll daher möglichst einfach sein. Vorzüglich eignet sich dazu die Filtrierpipette (G 29), die während des Absaugens geheizt werden kann und daher ein Auskristallisieren der Substanz verhindert. Zum Erwärmen genügt, sofern es sich nicht um feuergefährliche Lösungsmittel handelt, eine Gasflamme oder ein Heizring, der die Pipette während des Absaugens auf entsprechender Temperatur hält. Die blankfiltrierte Lösung wird dann in einen Spitzbecher abgelassen und bei gewöhnlicher Temperatur oder im Eisschrank stehengelassen. Die ausgeschiedenen Kristalle werden von der Mutterlauge getrennt, indem man zentrifugiert und die überstehende Flüssigkeit mit Hilfe einer Absaugcapillare, die an der Filtrierpipette angebracht ist, absaugt, wie S. 83 beschrieben. Um das Kristallisat rasch trocken zu erhalten, werden die Kristalle durch Andrücken mit einem Glasstäbchen, das mit Filtrierpapier umwickelt ist, von der restlichen Mutterlauge befreit und dann getrocknet. Auf diese Weise kann man rasch mehrere Male umkristallisieren und zu schmelzpunktsreinen Substanzen gelangen (siehe Übung 3).

Arbeiten mit der Zentrifuge. Die Zentrifuge stellt ein wertvolles Hilfsmittel zur Trennung fester und flüssiger Phasen dar. Mit ihrer Hilfe scheidet man bei präparativen und quantitativen Arbeiten Niederschläge ab oder trennt spezifisch schwere Flüssigkeiten von leichteren. Besonders vorteilhaft ist die Methode beim Arbeiten mit geringen Substanzmengen. Der überstehende Rand der Spitzbecher, die wir als Fällungsgefäße benützen, erlaubt, sie ohne Zuhilfenahme der üblichen Schutzhülsen in die Zentrifugengehänge einzuhängen.

Das Zentrifugieren bietet den großen Vorteil, daß man ohne Filter arbeiten kann, wenn der Unterschied der spezifischen Gewichte von Flüssigkeit und Niederschlag genügend groß ist, was man in manchen Fällen durch Zugabe von Alkohol oder einer spezifisch leichteren Flüssigkeit (sofern dies nicht störend wirkt) nach der Fällung erreichen kann. Weiterhin hängt die Abtrennung noch von der Umdrehungszahl der Zentrifuge ab. In dieser Hinsicht ist es günstig, daß man die leichten und kleinen, ohne Schutzhülse in das Zentrifugengehänge eingehängten Spitzbecher mit hoher Tourenzahl laufen lassen kann. Bei den freihängenden Spitzbechern läßt sich auch leicht beobachten, ob die Probe auszentrifugiert ist. Beim Arbeiten mit leichten, besonders voluminösen Niederschlägen wird man die Filterstäbchen nicht entbehren können, doch auch hier läßt sich durch Zentrifugieren ein Teil des Niederschlages abscheiden und dadurch die Filtration beschleunigen.

Wir verwenden hauptsächlich eine Handzentrifuge, die trotz ihrer Einfachheit Umdrehungszahlen von 2000—3000 U/min zuläßt. Sie beruht auf dem Friktionsprinzip (M 3, Abb. 66). Höhere Umdrehungszahlen, bei schwer zentrifugierbaren Niederschlägen erforderlich, erreicht man mit der Motorzentrifuge (M 4).

Dekantieren und Abhebern. Ein Arbeitsvorgang, der vor allem in Verbindung mit der Stäbchenfiltration Verwendung findet, ist das Abhebern bzw. Dekantieren von überstehenden Flüssigkeiten. Bei schweren, vorher zentrifugierten Niederschlägen oder Flüssigkeiten gelingt selbst bei quantitativen Arbeiten eine Abtrennung der beiden Phasen ohne Anwendung eines Filterstäbchens.

Waschen von Niederschlägen. Eine in der präparativen und quantitativen Arbeitstechnik unumgänglich notwendige Operation ist das Waschen von Niederschlägen. Man bedient sich dabei vor allem der Mikrospritzflasche (G 32, Abb. 42). Die capillare Spitze des Spritzrohres muß so beschaffen sein, daß der austretende Strahl in einer Entfernung von etwa 2 cm von der Spitze zerstäubt.

Zur genauen Dosierung von Waschflüssigkeiten eignet sich die graduierte Spritzflasche. In manchen Fällen empfiehlt sich die Verwendung eines durch Gummischlauch beweglich gemachten Spritzröhrchens mit rechtwinkelig gebogener Spitze. Eine sehr einfache und praktische Möglichkeit, Niederschläge mit kleinen, abgemessenen Flüssigkeitsmengen zu waschen, bietet die Spritzpipette (G 33, Abb. 43).

Abdampfen. Hierzu stehen das Universal-Heizkörperstativ und das Mikrowasserbad zur Verfügung. Es empfiehlt sich, zur Beschleunigung des Vorgangs die Dämpfe mittels eines Trichters abzusaugen. Der von F. HECHT vorgeschlagene Absaugetrichter (G 45, Abb. 56) ermöglicht ein rasches Verdampfen.

Die Kombination von Luftbad und Absaugglocke (M 1a, 1d, G 44) gestattet das Abdampfen im Vakuum, oder man kann, wenn die Substanzen oxydabel sind, in Schutzgasatmosphäre (CO_2, N_2) arbeiten. Um jedes Verspritzen von Probenmaterial zu vermeiden, führt man ein Kügelchen oder ein Siedestäbchen (G 8) ein und achtet auf die entsprechende Temperatur.

Trocknen. Für die Trocknung von Proben eignet sich neben der Luftbad-Glasglocken-Kombination (M 1a, 1d, G 44) ein besonderer Mikrovakuumexsiccator (G 37). Natürlich können auch die üblichen Trockenschränke der Fa. Heraeus benützt werden. Zum Aufbewahren getrockneter oder geglühter Proben dienen Mikroexsiccatoren mit den üblichen wasserabsorbierenden Füllungen. Neben Schwefelsäure, Calciumchlorid bewährt sich das Blaugel, das durch seinen Farbumschlag von Blau nach Rosa den Grad seiner Wirksamkeit angibt.

Veraschen. Häufig hat man Probenmaterial zu veraschen. Am einfachsten geschieht dies auf einer elektrischen Kochplatte oder auf einem vom Bunsen-Brenner geheizten Quarzscherben im Tiegel. Selbstverständlich ist die Verwendung eines elektrischen Tiegelofens mit Lüftung (abnehmbarer Deckel) vorteilhaft. Als Gefäße dienen Platintiegel (G 17) bzw. Porzellantiegel (G 16).

Glühen. Vor dem Glühen werden die Proben in der Regel im Trockenschrank vorgetrocknet oder verascht. Zum Verglühen eignet sich die Mikromuffel (M 2), die Temperaturen bis zu 1000° C gestattet. Man kann auch andere elektrische Glühöfen verwenden.

Sublimieren. Die Sublimation führt man am einfachsten so aus, daß man die Substanz auf einem Objektträger erhitzt und das Sublimationsprodukt auf einem darüber befindlichen Objektträger auffängt. Sollen höhere Temperaturen angewandt werden, so arbeitet man statt auf einem Objektträger in einem Prozellan- oder Platintiegel.

Destillieren. Als Destillationsgefässe eignen sich in den meisten Fällen Spitzbecher mit Innen- (G 40, Abb. 52), Außen- oder Planschliff.

Eine praktische Mikro-Destillationseinrichtung mit kleinen Rundkölbchen, die durch Schliffe mit gekühlten Zwischenteilen verbunden sind, eignet sich zur fraktionierten Destillation (G 41, Abb. 55). Hierbei können eine beliebige Anzahl Kölbchen aneinandergeschaltet werden, die jeweils für sich eine gesonderte Kühlung gestatten. Desgleichen besteht die Möglichkeit, die Zwischenstücke je nach Bedarf (große bzw. geringe Steighöhe) einzusetzen. In der Regel genügt Luftkühlung, doch führt oftmals ein mit Wasser oder Äther befeuchteter Kühlmantel, der aus Watte oder Filtrierpapier leicht anzufertigen ist, zu besserem Erfolg. Mit der gleichen Anordnung kann man auch im Vakuum destillieren.

Die Möglichkeit zur Temperaturkontrolle besteht einmal in der direkten Messung, zum anderen in der Messung der Bad- bzw. Heizblocktemperatur.

1. Übung

Darstellung von Pikrinsäure

Reagentienbedarf:	*Gerätebedarf:*
Phenol	2 Spitzbecher (G 5a, Abb. 8)
Konz. Schwefelsäure	1 Haltering (G 12a, Abb. 17)
rauchende Salpetersäure	1 Rührstäbchen (G 7)
	1 Absaugtrichter (G 45, Abb. 56)
	1 Wasserbad (M 1g, Abb. 62)
	1 Objektträger
	Schmelzpunktsapparat nach
	KOFLER

In einem Spitzbecher löst man 50 mg Phenol in 0,5 ml konz. Schwefelsäure unter Erwärmen auf dem Heizblock. Diese Lösung wird nach dem Auskühlen in einen zweiten Spitzbecher, der mit 1 ml Wasser gefüllt ist, übergeführt. Hierauf setzt man 0,5 ml rauchende Salpetersäure zu und erwärmt die Probe, welche sich rot gefärbt hat, 15 min auf dem Wasserbad. Dabei entweichen nitrose Gase; es ist daher zweckmäßig, über dem Wasserbad den Absaugtrichter nach F. HECHT anzubringen. Nach Abkühlen des Reaktionsgemisches wird mit Wasser auf das doppelte Volumen aufgefüllt. Nach einiger Zeit können die gebildeten gelben Kristalle der Pikrinsäure abzentrifugiert werden. Man dekantiert die überstehende Flüssigkeit ab und kristallisiert in warmem Alkohol so lange um, bis die Substanz schmelzpunktsrein erhalten wird. Der Schmelzpunkt (F: 122°) wird mit dem KOFLERschen Mikroschmelzpunktsapparat überprüft.

Reaktionsmechanismus. Phenol läßt sich in einem Überschuß von Salpetersäure über das o- bzw. p-Nitrophenol in das 2,4-Dinitrophenol, bei weiterer Nitrierung in das 2,4,6-Trinitrophenol (Pikrinsäure) umwandeln.

Lit.: (12).

2. Übung

Darstellung von Indigo

Reagentienbedarf:	*Gerätebedarf:*
o-Nitrobenzaldehyd	Spitzbecher mit Schliffstopfen
Aceton	(G 6a, Abb. 11)
n-Natronlauge	Zentrifuge (M 3, Abb. 66)
	Storchenschnabel (G 34, Abb. 44)
	ev. Objektträger und Mikroskop

50 mg o-Nitrobenzaldehyd werden in 1 ml Aceton gelöst und mit 1 ml Wasser versetzt. Zur klargebliebenen Lösung fügt man 3 Tropfen n-Natronlauge zu, wobei sich die Lösung unter Erwärmung dunkelbraun färbt. Nach kurzer Zeit fällt der Farbstoff in kristallinischen Flocken aus. Die Probe wird zentrifugiert, die überstehende Flüssigkeit mit einem Storchenschnabel abdekantiert. Nun wird mit 1 ml Alkohol gewaschen, indem man den mit dem Schliffstopfen verschlossenen Spitzbecher gut durchschüttelt, abzentrifugiert und abdekantiert. Dieser Arbeitsvorgang wird noch zwei mal mit Äther wiederholt. Der so gewonnene Indigo zeigt einen schönen rotvioletten Oberflächenglanz, den man besonders gut im Mikroskop bei Anwendung des Dunkelfeldes beobachten kann.

Reaktionsmechanismus. o-Nitrobenzaldehyd wird in alkalischer Lösung mit Aceton zu o-Nitrophenylmilchsäureketon kondensiert, das Essigsäure verliert und unter intramolekularer Abspaltung von 1 Mol Wasser in den halbmolekularen Indigo, das Indolon übergeht, das, selbst nicht existenzfähig, sich alsbald zum Farbstoff polymerisiert.

Lit.: (12).

3. Übung

Oxydation der Ölsäure zu Dioxystearinsäure

Reagentienbedarf:	*Gerätebedarf:*
Ölsäure	3 Spitzbecher (G 5a, Abb. 8)
Kalilauge (D 1,27 — etwa 28%)	2 Mikrorührer (G 7)
schweflige Säure	Filterstäbchen (G 23, Abb. 32)
Natriumbisulfit, fest	1 Haubenrückflußkühler
Petroläther	(G 38, Abb. 49)
Äther	1 Filtrierpipette (G 29, Abb. 39)
Äthylalkohol (82%)	1 Heizblock (M 1, Abb. 57)
Kaliumpermanganatlösung	1 Mikrothermometer
(1,5%)	Filtrierpapier

Etwa 10 mg Ölsäure werden in einem Spitzbecher mit 0,2 ml Alkohol und 0,05 ml Kalilauge ungefähr 3 min bei 120°C unter dem Haubenrückflußkühler erhitzt. Das heiße Reaktionsgemisch wird durch tropfenweise Zugabe von 1 ml siedendem Wasser unter kräftigem Umschütteln bzw. Rühren zur Lösung gebracht. Die dabei entstehende Seifenlösung muß vollkommen klar sein; auch nach dem Abkühlen dürfen sich keine Schlieren bilden. Nach der Wasserzugabe kühlt man rasch auf Zimmertemperatur ab und fügt 1 ml Kaliumpermanganatlösung hinzu. Während der ungefähr 10 min dauernden Oxydation ist kräftig zu rühren, um die Bildung von gallertigen Massen zu verhindern, die einmal schwer wieder in Lösung zu bringen sind und zum anderen auch mehr schweflige Säure verbrauchen würden.

Nach der Oxydation wird soviel Natriumbisulfit oder schweflige Säure zugegeben, bis alles Mangandioxyd gelöst ist und die Flüssigkeit deutlich sauer reagiert. Es bildet sich bei diesem Reduktionsprozeß ein voluminöser, weißer, meist flockiger Niederschlag, der leicht zu filtrieren und zu waschen ist. Mittels Filterstäbchen wird nun abfiltriert und so lange mit Wasser gewaschen, bis das Filtrat keine saure Reaktion mehr zeigt. In der Regel sind hierzu 2—3 ml Wasser erforderlich.

Das Filtrat wird verworfen. Der Niederschlag wird zunächst durch Durchsaugen von Luft getrocknet. Hierauf wird der Spitzbecher mitsamt dem Filterstäbchen zur Lösung der Nichtoxysäure mit 1 ml Petroläther unter dem Haubenrückflußkühler digeriert. Nach 5 min schließt man das Filterstäbchen an die Filtrierpipette an und saugt durch dieses den Petrolätherauszug ab. Auch dieses Filtrat wird nicht weiter verarbeitet.

Zur Lösung der Dioxystearinsäure wird nun der Rückstand im Spitzbecher und Filterstäbchen abermals unter dem Haubenrückflußkühler, aber diesmal mit 2 ml Äther, digeriert. Hierauf wird filtriert und die Lösung, die ausschließlich die Dioxystearinsäure enthalten soll, in einem neuen Spitzbecher aufgefangen. Nach Verjagen des Äthers wird diese aus Alkohol bis zur Schmelzpunktsreinheit umkristallisiert (F: 132—136°). Unter dem Mikroskop zeigen sich rhombische Würfelchen. Molekulargewicht: 316,3. Säurezahl: 177,4.

Reaktionsmechanismus. Die im Handel befindliche Ölsäure ist meist unrein und enthält u. a. wasserlösliche Produkte.

Aus diesem Grunde sind bei der Darstellung der Dioxystearinsäure verschiedentlich Begleitstoffe abzutrennen.

Die ungesättigten Fettsäuren addieren in alkalischer Lösung bei der Oxydation mit Kaliumpermanganat pro Doppelbindung zwei Hydroxylgruppen und bilden so gesättigte Hydroxyfettsäuren, welche die gleiche Anzahl Kohlenstoffatome besitzen wie das Ausgangsmaterial. So entstehen z.B. aus

Ölsäure	$C_{18}H_{34}O_2$	Dioxystearinsäure	$C_{18}H_{34}O_2(OH)_2$
Linolsäure	$C_{18}H_{32}O_2$	Sativinsäure . .	$C_{18}H_{32}O_2(OH)_4$
Linolensäure	$C_{18}H_{30}O_2$	Linusinsäure . .	$C_{18}H_{30}O_2(OH)_6$

Wegen der großen Anzahl von isomeren Ölsäuren ist es schwer, einheitliche Oxydationsprodukte zu erhalten. Bei längerer oder stärkerer Einwirkung von Kaliumpermanganat werden die hydroxylierten Säuren unter Aufspaltung der Kohlenstoffkette weiter oxydiert; aus Dioxystearinsäure erhält man dann Pelargonsäure und Azelainsäure.

Lit.: (13).

Weitere Übungsbeispiele und die Beschreibung der dazu erforderlichen Geräte bringen H. LIEB und W. SCHÖNIGER in „Anleitung zur Darstellung organischer Präparate mit kleinen Substanzmengen" Lit.: (5).

V. Quantitative Mikrochemie

Die Filtration. Zur Filtration von Niederschlägen sind im Laufe
der Zeit zahlreiche Einrichtungen vorgeschlagen worden, die zum
Teil durch Verkleinerung der in der Makrochemie üblichen entstanden sind, zum Teil aber auf neuen Prinzipien beruhen. Ver-
kleinerungen makrochemischer Einrichtungen sind z. B. die von
F. PREGL und seiner Schule eingeführten Fällungsröhrchen und der
Mikro-NEUBAUER-Tiegel (G 30, Abb. 40). Diese beiden Arbeitsgeräte
sind verhältnismäßig schwer und haben auch dementsprechend
große Oberflächen, so daß mit ihnen bei quantitativen Arbeiten
nur dann gute Ergebnisse erzielt werden, wenn die zu erwartenden
Niederschlagsmengen nicht zu klein sind. Außerdem braucht man
zum Überführen des Niederschlages vom Fällungsgefäß auf die
Filterfläche verhältnismäßig große Mengen an Waschflüssigkeit,
was je nach der Löslichkeit der Niederschläge zu Verlusten führt.
Um ein Überführen des Niederschlages vom Fällungsgefäß auf die
Filterfläche zu erübrigen, wurde von F. EMICH und in der Folge von
E. SCHWARZ-BERGKAMPF der Mikro-Filterbecher (G 31, Abb. 41)
geschaffen, in dem gefällt, gewaschen, getrocknet und zuletzt auch
gewogen wird. Freilich ist auch hier die Oberfläche im Verhältnis
zum Niederschlag sehr groß. Hat man bei einer Probe mehrere
Fällungen auszuführen, so können mittels Gummistopfen 2 Filterbecher aneinander geschlossen werden. Der zweite Becher dient
dabei als Auffanggefäß für das weiter zu verarbeitende Filtrat.
Auch eine Kombination von Filterbecher mit der hier hauptsächlich empfohlenen Filterstäbchenmethode ist möglich, wenn man
den Schaft des Filterstäbchens mit dem Tubus des Filterbechers
durch einen Gummistopfen vakuumdicht verbindet.

Besser als die bisher beschriebenen Mikrofiltriereinrichtungen
entspricht dem Wesen der Mikrochemie die EMICHsche Filterstäbchenmethode und das von J. DONAU eingeführte Filterschälchen. Diese beiden Filtriergeräte ermöglichen das Verhältnis
zwischen Substanz und Tara klein zu halten. Das DONAUsche
Filterschälchen stellt einen verkleinerten und bei Verwendung von
Platinfolie auch im Gewicht außerordentlich leicht gehaltenen
Mikro-NEUBAUER-Tiegel in Schälchenform dar. Um auch bei dieser
Einrichtung im gleichen Gefäß fällen, waschen, trocknen, glühen
und wägen zu können, hat J. DONAU ein sogenanntes Fällungs-
schälchen entwickelt, das in das Filterschälchen eingesetzt werden

kann. Voraussetzung für diese Arbeitsmethodik ist eine Probelösung, die die gesuchte Substanz in nicht zu geringer Konzentration enthält. Ein weiterer Vorteil dieser einfachen Filtriergeräte liegt darin, daß man sie selbst herstellen kann.

Das Filterschälchen besteht aus zwei ineinander gepreßten, dünnen Platinschälchen mit Siebboden und einer Zwischenlage von Platinschwamm als Filtermasse. Die Größe kann nach Bedarf gewählt werden. (Erhältlich bei Fa. Heraeus, Platinschmelze, Hanau.)

Als Absaugvorrichtung dient eine Glasglocke, der oben ein Glasfrittentrichter eingesetzt ist. Auf diesen wird das Filterschälchen gestellt, und dann wird unter Vakuum abgesaugt. Im übrigen sei auf die entsprechende Literatur verwiesen.

Lit.: (6).

Filterstäbchenmethode. Mit den bisher beschriebenen Einrichtungen zur Mikro-Filtration arbeitet eine Vielzahl von bewährten Methoden. Prinzipiell ist es gleichgültig, nach welcher Methode filtriert wird. Man verlangt von ihr, daß sie rasch und verlustfrei arbeitet, und daß der Niederschlag mit einem Minimum an Waschflüssigkeit behandelt wird. Zu fordern ist ferner bei gravimetrischen Methoden, daß Gewicht und Oberfläche des Filtergerätes in einem erträglichen Verhältnis zum ausgewogenen Niederschlag stehen sollen. Diese Forderungen sind bei den vorstehend beschriebenen Methoden der Filtration nur zum Teil verwirklicht.

F. EMICH und seine Schüler führten in die Mikrochemie das Prinzip der „Umgekehrten Filtration" und damit die Filterstäbchenmethode ein. Der filtrierende Teil ist hier nicht mehr der Gefäßboden, sondern ein in das Gefäß eingetauchter Filterkopf. Dieser kann in jedes Gefäß, gleichgültig welcher Form, Größe und welchen Materials eingetaucht werden. Dadurch ergibt sich eine je nach Umständen variierbare Arbeitstechnik, und es ist nicht schwierig, den zu erwartenden Niederschlag in ein richtiges Verhältnis zu Größe und Oberfläche der Tara zu bringen.

Bei gravimetrischen Bestimmungen wird das Fällungsgefäß (Spitzbecher oder Platintiegel u. ä.) mit dem dazugehörigen Filterstäbchen gewogen. Dann wird im gleichen Gefäß gefällt, filtriert, gewaschen, getrocknet oder geglüht und gewogen. Dabei ist das Prinzip der „drei Wägungen" verwirklicht (Leerwägung, Substanzeinwaage, Wägung der Bestimmungsform).

Folgende Filtrationstechnik ist im Institut des Verf. entwickelt worden und hat sich bestens bewährt.

Wir verwenden Porzellan- (G 26, Abb. 36), Glasfritten- (G 25, Abb. 35), Papierfilter- (G 23, Abb. 32) und Asbestfilterstäbchen (G 24, Abb. 31), wovon die beiden ersten Formen handelsüblich sind, die beiden letzten wie S. 22 und 23 beschrieben angefertigt werden. Als Absaugevorrichtung benutzt man entweder die Filtrierpipette (G 29, Abb. 39), bei der man von der Wasserstrahlpumpe unabhängig ist, oder die Filtrierglocke (G 28, Abb. 38).

Den gefällten Niederschlag zentrifugiert man entweder mit der Handzentrifuge oder (bei schwer zentrifugierbaren Niederschlägen) mit der Motorzentrifuge ab, die überstehende Flüssigkeit wird dann abgesaugt. Dabei wird darauf geachtet, daß man nicht bis zum Niederschlag hinunter absaugt, sondern etwas Flüssigkeit über dem Niederschlag bestehen läßt, um möglichst nichts von dem Niederschlag anzusaugen. Dann gibt man die entsprechend in der Spritzpipette (G 33, Abb. 43) abgemessene Menge Waschflüssigkeit hinzu, rührt auf und zentrifugiert wieder, saugt die überstehende Flüssigkeit wie eben beschrieben ab und wiederholt diesen Vorgang bis zur restlosen Befreiung von überschüssigem Fällungsmittel. Auf diese Weise erreicht man eine Beschleunigung der Operation und verhindert ein verfrühtes Verstopfen der Filterflächen (Filterplatte, Filterröllchen).

Die Extraktion. Dieser häufige Arbeitsvorgang läßt sich oft durch einfaches Ausschütteln und Dekantieren durchführen, wenn die zu isolierende Substanz im Verhältnis zu den begleitenden Stoffen leicht löslich ist.

Die von uns verwendete Extraktionsapparatur (G 35, Abb. 45) erlaubt, in kurzer Zeit quantitative Extraktionen bei Ersparnis von Probenmaterial und Lösungsmittel mit großer Genauigkeit durchzuführen. Zur Untersuchung können sowohl flüssige als auch feste Probenmaterialien gelangen. Vor der Extraktion muß das Probenmaterial zerkleinert und getrocknet werden.

Der besondere Vorteil der Mikroextraktion im Vergleich zur Makroextraktion liegt in der Verwendung bedeutend größerer Mengen von Lösungsmittel im Verhältnis zum Extraktionsgut.

Die Titration. Für die üblichen Methoden der Maßanalyse sind in der Mikrochemie hinsichtlich der verwandten Gerätschaften und Titerlösungen verschiedene Durchführungsformen erarbeitet worden.

MYLIUS, FÖRSTER u. a. arbeiteten mit den üblichen Makrobüretten und verwendeten stark verdünnte Maßlösungen (n/100 oder n/1000). Die Erfahrungen in der Mikromaßanalyse haben jedoch gezeigt, daß die Verwendung derart stark verdünnter Maßlösungen wegen ihrer geringen Haltbarkeit nicht anzuraten ist.

6*

F. PREGL und I. BANG sind zur Konstruktion von eigenen
Mikrobüretten übergegangen, die die Verwendung der gebräuchlichen und damit weitgehend haltbaren Maßlösungen (n/10, n/20,
n/50) erlauben.

Die von uns verwendete hahnlose Mikrobürette mit Membranpumpe (G 22, Abb. 30, 34) trägt den Erfordernissen der Mikromaßanalyse weitgehend Rechnung.

Im allgemeinen können die üblichen Makromethoden nach
entsprechender Umarbeitung angewandt werden. Besonderes
Augenmerk ist bei der Mikrotitration auf den Eigenverbrauch an
Maßlösung durch die verwendeten Reagentien zu richten. Die auch
bei der Makrotitration auftretenden Fehler durch Indicator und
störende Einflüsse fallen bei der Mikromaßanalyse wesentlich stärker ins Gewicht. Deshalb ist die Durchführung einer Blindprobe
bei jeder Mikrotitration unerläßlich (siehe Übung 6).

1. Übung

Rückstandsbestimmung[1]: Bariumchlorid. 2 H_2O

Für 1—10 mg Bariumchlorid. 2 H_2O.

Reagentienbedarf:	*Gerätebedarf:*
Bariumchlorid. 2 H_2O	1 Platintiegel mit Deckel (G 17, Abb. 22)
	1 Mikromuffelofen (M 2, Abb. 65)
	1 Mikroexsiccator
	1 Pinzette
	Mikrowaage

Der Mikromuffelofen wird mit dem Widerstand konstant auf 600°
gehalten. Als Tiegelunterlage legt man zweckmäßig einen Quarzscherben auf den Boden des Ofens. Der Platintiegel samt Deckel
wird nun daraufgestellt und 5 min lang geglüht. Mit der Pinzette
wird er auf einen Kupferblock im Mikroexsiccator gebracht und dort
5—10 min abgekühlt. Auf der Mikrowaage wird das Gewicht des
Tiegels (mit Deckel) festgestellt und die Einwaage von ungefähr
5 mg Bariumchlorid vorgenommen. Nun wird der Tiegel wieder in
den Mikromuffelofen eingebracht und 5 min lang bei 600° geglüht.

---

[1] Unter Rückstandsbestimmungen verstehen wir Bestimmungen, bei denen
eine gegebene Substanz durch irgendwelche Prozesse ohne Wechsel des
Gefäßes und ohne Wasch- oder Filtrieroperation in eine zweite einheitliche
Substanz übergeführt wird. Derartige Bestimmungen sind die einfachsten
und infolgedessen im allgemeinen die genauesten Analysen; auch erfordern
sie unter günstigen Umständen außer dem Tarieren des Arbeitsgefäßes nur
noch 2 Wägungen.

Nach dem Abkühlen auf dem im Exsiccator befindlichen Kupferblock wird wieder auf der Mikrowaage zurückgewogen.

Die Differenz der beiden Wägungen gibt den Wassergehalt der Substanz, der bei Bariumchlorid dem theoretischen Wert von 14,75% entspricht. Nimmt man die Bestimmung im Mikroporzellantiegel (G 16) vor, hat man eine längere Abkühlungszeit einzuhalten (ungefähr 20 min).

Lit.: (3).

2. Übung

Rückstandsbestimmung: Bestimmung von Kalium als Sulfat in Weinstein

Für 2—6 mg Weinstein.

Reagentienbedarf:	*Gerätebedarf:*
Weinstein	1 Platintiegel (G 17, Abb. 22)
Schwefelsäure konz.	2 Capillarpipetten (G 1, Abb. 6)
Salpetersäure konz.	1 Quarzscherben
	1 Mikroexsiccator
	1 Bunsen-Brenner
	Mikrowaage

Der gereinigte und 5 min lang geglühte Platintiegel wird auf dem Kupferblock des Exsiccators zur Mikrowaage gebracht. Nach 5 min Warten erfolgt die Wägung des Tiegels und die Einwaage von ungefähr 5 mg reinem Weinstein. Die Substanz wird mit 2 kleinen Tropfen konz. Schwefelsäure, die man aus der Capillarpipette zufließen läßt, benetzt und der Platintiegel auf seine Schutzunterlage (Quarzscheiben oder Porzellanschutztiegel) gestellt und bedeckt. Nun beginnt man vorsichtig von oben zu erhitzen. Mit der entleuchteten Bunsen-Brennerflamme umspült man sekundenlang den Tiegel, wobei geringe Schwaden von Schwefelsäuredämpfen entweichen sollen. Nach völligem Abrauchen der Schwefelsäure wird der Tiegel noch 3 min lang mit kräftiger Flamme von unten her erhitzt. Man überzeugt sich, daß keine Kohle mehr vorhanden ist. Sonst wird nochmals nach Zugabe eines kleinen Tropfens Salpetersäure geglüht. Die Endverglühung kann im Mikromuffelofen vorgenommen werden. Hierauf wird der Tiegel wieder in den Exsiccator gebracht und später gewogen. Eine Prüfung der Gewichtskonstanz, indem man nochmals mit Schwefelsäure abraucht und glüht, ist sehr zu empfehlen.

Kaliumgehalt der Probe: 20,8%.

Lit.: (3).

3. Übung

Eisenbestimmung als Fe$_2$O$_3$

Für 0,5—2,0 mg Eisen.

Reagentienbedarf:	*Gerätebedarf:*
MOHRsches Salz	1 Spitzbecher (G 5a, Abb. 8)
Schwefelsäure (1:4)	1 Deckel (G 9, Abb. 14)
Wasserstoffperoxyd (5%)	1 Wasserbad (M 1g, Abb. 62)
Ammoniak konz.	2 Capillarpipetten (G 1, Abb. 6)
Ammoniumnitratwasser	1 Filterstäbchen (G 23, Abb. 32)
	1 Filtrierglocke (G 28, Abb. 38)
	1 Spritzflasche (G 32, Abb. 42)
	1 Mikroporzellantiegel
	(G 16, Abb. 21)
	1 Bunsen-Brenner
	Mikromuffel (M 2, Abb. 65)
	Mikrowaage

Das MOHRsche Salz (4—6 mg) wird in einem Spitzbecher mit 2 ml Wasser gelöst, mit 1 Tropfen Schwefelsäure und 1 Tropfen Wasserstoffperoxyd versetzt, zugedeckt und auf dem Wasserbad erwärmt (70°). Hierauf wird nach Abspülen des Deckels mit Ammoniak gefällt. Ist die Probe abgekühlt, wird durch das mit einem Filtrierpapierröllchen adjustierte Filterstäbchen filtriert und mit ammoniumnitrathaltigem Wasser gewaschen. Ist die Filtration beendet, wird das Filterstäbchen abgespült, das Röllchen mit einem kleinen Stück Filtrierpapier herausgenommen, der Rand des Filterstäbchens und die Reste im Spitzbecher selbst herausgewischt und alles Filtrierpapier in den Veraschungstiegel geworfen. Eleganter läßt sich diese Fällung und Filtration nach der bereits im Geräteteil (Abb. 33, S. 23) angegebenen Methode durchführen, wonach die Fällung im Tiegel stattfindet, in welchem der Niederschlag nachher verglüht wird und die Filtration mittels Glasfilterstäbchen erfolgt, an dessen plangeschliffener Unterseite ein Filterpapierblättchen aus aschefreiem Papier angesaugt wurde. Nach der Filtration wird das Blättchen mit der Pinzette abgezogen und der Veraschung zugeführt.

Die Veraschung wird auf einem Quarzscherben, der von einem Bunsen-Brenner geheizt wird, vorsichtig durchgeführt. Es ist darauf zu achten, daß keine reduzierenden Gase in den Tiegel gelangen, weil sonst ein Teil des Fe$_2$O$_3$ leicht zu Fe$_3$O$_4$ reduziert wird, das durch nachträgliches Glühen nicht mehr zu Fe$_2$O$_3$ oxydiert werden kann.

Nach der Veraschung wird der Niederschlag bei 1000° in der Mikromuffel 15 min lang geglüht.

Der Niederschlag wird als Fe_2O_3 gewogen.

Umrechnungsfaktor für Fe: F = 0,6994; log F = 0,84473—1. Theoretischer Eisengehalt des MOHRschen *Salzes,* $Fe(NH_4)_2(SO_4)_2$ + $6 H_2O: 14,24\%$ *Fe.*

Anmerkung. Man erhält bei dieser Bestimmung leicht zu hohe Werte, wenn bei der Herstellung des Filterröllchens nicht genau gearbeitet wird (tadellos reine Finger). Um bei der Bestimmung ganz sicher zu gehen, kann die Asche des verwendeten Filtrierpapieres in Abzug gebracht werden.

Lit.: (14).

4. Übung

Nickelbestimmung als Nickeldiacetyldioxim

Für 0,1—2,0 mg Nickel.

Reagentienbedarf:	*Gerätebedarf:*
alkohol. Diacetyldioximlösung (1%)	1 Filterbecher (G 31, Abb. 41)
	1 Capillarpipette (G 1, Abb. 6)
Ammoniak	1 Wasserbad (M 1 g, Abb. 62)
Alkohol (20%)	1 Mikrospritzflasche
Nickelsalzlösung	(G 32, Abb. 42)
	1 Absaugflasche mit Tulpe
	Trockenschrank

Die schwach saure Nickelsalzlösung, deren Volumen 1—2 ml beträgt, wird tropfenweise mit einem geringen Überschuß des 1%igen alkoholischen Fällungsreagens versetzt. Die Lösung darf wegen der Löslichkeit des Niederschlages in Alkohol nach der Fällung höchstens $^1/_3$ des Gesamtvolumens an Alkohol enthalten. Nunmehr wird ganz schwach ammoniakalisch gemacht (nach dem Geruch festzustellen) und auf dem Wasserbad auf 70° erwärmt. Nach dem Abkühlen wird der Niederschlag filtriert und 3—4mal mit 20%igem Alkohol gewaschen, wodurch einerseits die infolge Verdunstens von Alkohol am Rande des Fällungsgefäßes ausgeschiedene Kruste von Diacetyldioxim gelöst, andererseits das Kriechen des Niederschlages etwas eingeschränkt wird. Getrocknet wird bei 110° im Trockenschrank.

Der Niederschlag wird als Nickeldiacetyldioxim $Ni(C_8H_{14}O_4N_4)$ gewogen.

Umrechnungsfaktor für Ni: $F = 0,2031$; $\log F = 0,30779—1$. Die Reinigung des Filterbechers wird mit heißer Salzsäure (1:1) vorgenommen.

Lit.: (6).

5. Übung

Bestimmung des Thalliums mit Thionalid

Reagentienbedarf:

Thionalid 2%ig in Aceton
Natriumtartrat 10%ig
Natronlauge 10%ig
Kaliumcyanid 10%ig
Aceton p. a.

Gerätebedarf:

Spitzbecher (G 5a, Abb. 8)
Porzellanfilterstäbchen
  (G 26, Abb. 36)
Ausblaspipette 1 ml
  (G 18, Abb. 23)
Graduierte Pipette 1 ml
Absaugglocke (G 28, Abb. 38)
Mikrovakuumexsiccator
  (G 37, Abb. 48)
Spritzpipette (G 33, Abb. 43)

Das Reagens Thionalid (Thioglykolsäure-β-aminonaphthalid; siehe untenstehende Formel) liefert mit einer Reihe von Metallen schwer lösliche Innerkomplexverbindungen:

$$\text{—NH} \cdot \underset{\underset{O}{\|}}{C} \cdot \underset{\underset{Me/n}{|}}{CH_2S}$$

In natronalkalischer Lösung werden sämtliche anderen reagierenden Elemente mit Cyanid und Tartrat gegen Thionalid maskiert und es bildet sich nur mehr der zitronengelbe Thallium(I)-Komplex, so daß diese Reaktion für Thallium unter den angeführten Bedingungen spezifisch ist. Die Empfindlichkeit des qualitativen Nachweises des Thalliums mit diesem Reagens beträgt $pD = 7,0$. Damit bietet diese Reaktion gleichzeitig die empfindlichste Nachweismöglichkeit für Thallium.

Ausführung der quantitativen Bestimmung. Die mineralsaure, ungefähr 5 mg Thallium(I) enthaltende Probelösung wird in einem Spitzbecher mit 0,5 ml Natriumtartratlösung versetzt, um das Ausfallen der Metalle als Hydroxyde zu verhindern. Man macht nun die Lösung mit 0,5 ml Natronlauge etwa einnormal natronalkalisch und gibt noch 0,5 ml Kaliumcyanidlösung zu. Hierauf wird die Probe auf 45° erwärmt, mit 2,5 ml der Thionalidlösung gefällt und so lange weiter erwärmt, bis sich der Niederschlag zusammenballt und absetzt. Die Temperatur darf hierbei 45° nicht überschreiten. Sodann wird mit Hilfe der Absaugglocke durch ein Porzellanfilterstäbchen abgesaugt, der Niederschlag einige Male mit kaltem Wasser, anschließend mit Aceton, gewaschen und bei 50° im Vakuum bis zur Gewichtskonstanz getrocknet.

Der Niederschlag wird im Spitzbecher samt dem Filterstäbchen ausgewogen; der Umrechnungsfaktor für Thallium ist $F = 0{,}4858$; $\log F = 0{,}68646-1$.

Lit.: (15).

6. Übung

Extraktion von Fett

Reagentienbedarf:	*Gerätebedarf:*
Lösungsmittel	Extraktionsapparatur
Probenmaterial	(G 35, Abb. 45)
	Heizkörper (M 1, Abb. 57)
	Extraktionskölbchen
	(G 14, Abb. 19)
	Extraktionsschälchen
	(G 36, Abb. 47)
	Vakuumexsiccator
	(G 37, Abb. 48)
	Mikrowaage nach GORBACH

Jeder Extraktion hat eine Zerkleinerung des Probenmaterials voranzugehen. Bei besonders feuchten Substanzen ist auch eine Vortrocknung erforderlich.

Die Einwaage des Probenmaterials wird zweckmäßig auf der Torsionswaage nach GORBACH vorgenommen. Dazu wird das Extraktionsgut in das Extraktionsschälchen gebracht und mittels eines Wägebehelfes in die Aufhängevorrichtung der Waage eingehängt. Die Einwaage richtet sich nach dem zu erwartenden Fettgehalt der Probe. Sie beträgt zwischen 20 und 200 mg.

Das Extraktionsschälchen wird nunmehr auf die Fläche des Papierfiltertrichters aufgebracht, unter dem sich das gewogene Kölbchen zur Aufnahme des Extraktes befindet; in die Eprouvette werden 2 ml des wasserfreien Lösungsmittels eingefüllt, und die Eprouvette wird auf die Schliffkappe aufgeschoben. Als Heizquelle dient das Luftbad, dessen Temperatur durch Vorschalten eines Widerstandes geregelt wird. Das Extraktionsmittel soll nur soweit gleichmäßig erwärmt werden, daß es in feinen Tröpfchen auf das im Schälchen in dünner Schicht ausgebreitete Extraktionsgut trifft. Der Extrakt wird hierbei durch die Saugwirkung des Papierfiltertrichters verlustlos in das Kölbchen übergeführt. Die Extraktion ist meistens nach 2 Std beendet.

Das Extraktionskölbchen wird im Vakuumexsiccator vom Extraktionsmittel befreit, getrocknet und gewogen. Bei schwer zu extrahierenden Substanzen ist es zweckmäßig, das Probenmaterial nochmals in der Achat-Reibschale (eventuell unter Zugabe von Seesand p. a.) zur Staubfeinheit zu zerkleinern und nach nochmaliger Überführung in das Extraktionsschälchen einer kurzen Nachextraktion zu unterziehen. Der Gesamtextrakt wird wie vorhergehend beschrieben bestimmt.

Lit.: (16).

7. Übung

Titration: Säure — Lauge

Reagentienbedarf:	*Gerätebedarf:*
n/10 Salzsäure	2 Mikrobüretten (G 22, Abb. 30, 31)
n/10 Kalilauge	1 Spitzbecher (G 5a, Abb. 8)
Methylrot	1 Capillarpipette (G 1)
	1 Rührstäbchen

Die Normallösungen werden wie sonst in der Maßanalyse üblich hergestellt.

So werden zur Bereitung einer n/10 HCl vorerst 10 cm³ konzentrierter HCl (d = 1,19) auf 1 Liter verdünnt. Man erhält so eine annähernd n/10 normale Lösung, die aber etwas stärker ist. Ihr genauer Titer wird in gewohnter Weise mit Natriumcarbonat ermittelt.

Soll eine genaue n/10 HCl hergestellt werden, so muß man nach Ermittlung des tatsächlichen Gehaltes der annähernd n/10 normalen Lösung weiterverdünnen. Man bediene sich dabei der folgenden Formel:

$$1000 \cdot \left(\frac{\text{prakt. Gehalt an HCl pro cm}^3}{\text{theor. Gehalt an HCl pro cm}^3} - 1 \right) = \text{noch zuzusetzendes}$$

Volumen Wasser in cm³.

In Anbetracht der Genauigkeit der Bürette sind verdünntere Lösungen nur in seltenen Fällen notwendig. n/50 und n/100 Lösungen werden wegen ihrer schlechten Haltbarkeit aus n/10 Lösungen durch Verdünnen von nicht allzu kleinen abgemessenen Mengen (etwa 100 ml) in einem geeichten Literkolben mit ausgekochtem destilliertem Wasser, das bis zur Marke aufgefüllt wird, jeweils frisch hergestellt.

Man füllt beide Büretten mit je einer Maßlösung. Zur Titration ist die Kenntnis des Titers (Faktor) einer der beiden Maßlösungen erforderlich. Nach Einstellung des Nullpunktes läßt man aus der Bürette, die die Lauge enthält, eine gemessene Menge (ungefähr 150—200 µl) in einen Spitzbecher abfließen. Nach Einführen eines Rührstäbchens und Zugabe von etwa 1 ml destilliertem Wasser wird die Probe mit 1 Tropfen Methylrot als Indicator versetzt. Nunmehr wird durch Zufließenlassen von n/10 Säure aus der zweiten

Bürette titriert. In der Nähe des Endpunktes werden Bruchteile eines Tropfens von der Bürettenspitze durch Anlegen an die Spitzröhrchenwand oder mittels des Glasstäbchens der Probe zugeführt. Der Endpunkt der Titration ist erreicht, wenn die Probe eine zwiebelschalenähnliche Farbe aufweist.

Beispiel der Berechnung:

Die verwendete n/10 Salzsäure habe einen

$$\text{Faktor von} \ldots 0{,}9987 \ (\text{Log. F} \quad 0{,}99944\text{---}1)$$
$$\text{vorgelegt} \ldots\ldots\ldots\ldots 150 \ \mu\text{l KOH}$$
$$\text{zur Titration verbraucht} \ldots\ldots 147{,}5 \ \mu\text{l HCl}$$

N	Log.
147,5	2,16897
Log. F	0,99944—1
	2,16841 . . . . 147,4 μl n/10 HCl

$$\frac{147{,}4}{150{,}0} = 0{,}9826 \ldots\ldots\ldots\ldots \text{Faktor der n/10 KOH}$$

Anmerkung. Bei der Titration von organischen Säuren darf bekanntlich nicht Methylrot als Indicator verwendet werden, sondern man verwendet Phenolphthalein (oder Alkaliblau 6 B). Bei dem geringen Arbeitsvolumen stört bei der Acidimetrie und Alkalimetrie vor allen Dingen das Kohlendioxyd der Luft. Dieses muß weitgehend ausgeschaltet werden, insbesondere wenn mit verdünnteren Maßlösungen gearbeitet wird. Man erreicht dies durch Anwendung von kohlensäurefreiem Wasser, durch Auskochen während der Arbeit, soweit dies den Reaktionsverlauf nicht stört, oder durch Einblasen von CO_2-freier Luft mit Hilfe eines Natronkalkrohres, wobei die aufperlenden Luftblasen die Probe gleichzeitig gut durchmischen.

8. Übung

Bestimmung der Jodzahl eines Öles nach H. P. KAUFMANN

Reagentienbedarf:	*Gerätebedarf:*
Bromlösung nach H. P. KAUFMANN	2 Mikrobüretten (G 22, Abb. 30)
Chloroform	1 Schliffspitzbecher (G 6a, Abb. 11)
Kaliumjodidlösung (10%)	Jodzahlkölbchen (G 13, Abb. 18)
n/10 Natriumthiosulfat	
Stärkelösung (1%)	1 graduierte Capillarpipette zu 0,2 ml (G 20, Abb. 26)
Probenmaterial	1 Pipette zu 0,5 ml
	1 Mikrotorsionswaage

Grundsätzliches. Die Bestimmung der Jodzahl nach KAUFMANN hat sich sehr bewährt und gibt erfahrungsgemäß mit den geringsten Fehlerquellen die Anzahl der Doppelbindungen an. Die Jodzahl ist nicht nur bei Fetten, sondern auch bei hochungesättigten organischen Verbindungen, wie beispielsweise den Carotinen, sehr gut brauchbar.

Herstellung der Natriumthiosulfatlösung. Zur Bereitung einer n/10 Na-thiosulfatlösung werden 24,82 g kristallisiertes $Na_2S_2O_3 \cdot 5\ H_2O$ in Wasser gelöst, dem man zur besseren Haltbarkeit der Maßlösung ungefähr 1% des Thiosulfatgewichtes, also etwa 0,25 g an Soda zusetzt; man füllt auf 1 Liter auf. Die Lösung wird am besten in dunklen Glasstöpselflaschen aufbewahrt; ihr Titer wird nach einigen Tagen ermittelt, da er vorerst noch geringe Schwankungen aufweist.

Die Titerstellung erfolgt in üblicher Weise mit Kaliumjodat, Kaliumbichromat oder Kaliumpermanganat.

Die hochempfindliche Jodstärkereaktion erlaubt in der Jodometrie auch noch mit n/100, ja sogar mit n/1000 Lösungen zu arbeiten, wodurch mitunter eine hohe Genauigkeit erzielbar ist. Zur Herstellung geht man in entsprechender Weise vor, wie dies bei der Herstellung von n/50 und n/100 Lösungen auf S. 90 beschrieben ist.

Herstellung der Bromlösung nach H. P. KAUFMANN. Das benötigte Methanol wird über gebranntem Kalk destilliert, Natriumbromid bei 130° getrocknet. Man versetzt etwa 14 g Natriumbromid mit 100 ml Methanol und schüttelt zur Herstellung einer gesättigten Lösung kräftig durch. Nach dem Absitzen dekantiert man die klare Lösung und setzt mittels einer Pipette so lange Brom in kleinen Mengen zu, bis sie gelb gefärbt ist, bzw. der Titer etwa einer n/10 Jodlösung entspricht. (Für 100 ml Lösung wird man ungefähr 0,52 ml Brom benötigen.) Den Titer der Bromlösung ermittelt man durch Titration mit n/10 Thiosulfatlösung nach Zugabe von 0,12 ml 10%iger Kaliumjodidlösung. Die Lösung ist bei Verwendung von wasserfreien Reagentien längere Zeit hindurch beständig. Sollte sie schwächer werden, kann der Titer durch nachträgliche Zugabe von Brom auf den ursprünglichen Wert gebracht werden.

Ausführung der Bestimmung. Auf der Torsionswaage nach GORBACH werden für hohe und mittlere Jodzahlen 1—2 mg, für niedere bis zu 4 mg Öl in der Öse eingewogen. Man bringt die Öse vorsichtig mit einer Pinzette von der Waage in einen Schliffspitzbecher (oder ein Jodzahlkölbchen) und löst die Probe in 0,5 ml Chloroform. Aus der Mikrobürette läßt man nun eine gemessene Menge Bromlösung zufließen. Für kleine JZ wird man 0,2 ml, für hohe JZ 0,4 ml benötigen.

Die Proben werden mit dem Schliffstopfen gut verschlossen und im Dunkeln 10 min (bei hoher JZ bis zu 60 min) stehen gelassen.

Nach dieser Zeit werden mittels einer Capillarpipette 0,12 ml 10% ige Kaliumjodidlösung zugesetzt, wobei das nicht zur Addition verbrauchte Brom eine bestimmte Menge Jod freisetzt. Dieses wird nun mit einer n/10 Thiosulfatlösung titriert. Zur besseren Sichtbarmachung des Titrationsendpunktes wird ein Tröpfchen Stärke zugesetzt.

Bestimmung des Blindprobenwertes. Die Blindprobe wird in der gleichen Art wie die Hauptbestimmung angesetzt und behandelt. Es unterbleibt lediglich die Einwaage von Probenmaterial.

Berechnung:
$$\text{Jodzahl} = \frac{1{,}269 \cdot (a - b)}{e},$$

e . . . . Einwaage in g

a . . . . verbrauchte Milliliter n/10 Thiosulfatlösung für die Blindprobe

b . . . . verbrauchte Milliliter n/10 Thiosulfatlösung für die Hauptprobe

Die Jodzahl gibt an, wie viel Halogen, ausgedrückt in mg Jod, ein Gramm Fett oder Fettsäure zu addieren vermag. Je nach der Zahl der vorhandenen Doppelbindungen addieren die ungesättigten Fettsäuren 2, 4, 6 oder mehr Atome Halogen, während die gesättigten Fettsäuren kein Halogen addieren. Dabei entstehen die entsprechenden Halogenfettsäuren. Die Schnelligkeit der Halogenaddition hängt unter anderem von der Konstitution der ungesättigten Fettsäuren ab. Bemerkt sei, daß die Sterine als Alkohole mit einer Doppelbindung ebenfalls Halogen addieren.

Vielfach findet neben der Halogenaddition auch eine Substitution von Wasserstoffatomen durch Halogenatome statt. Bei der Bestimmung der Jodzahl ist die Substitution möglichst auszuschalten. Die Energie, mit der die Halogenanlagerung erfolgt, nimmt von Chlor zu Brom zu Jod ab.

Für die Bestimmung der Jodzahl ist eine große Anzahl von Ausführungsverfahren beschrieben. Die vorliegende Bestimmung nach H. P. KAUFMANN erlaubt eine Ausführung der Jodzahlermittlung in 10 min (bis höchstens 60 min), wobei keine Substitution durch Bromatome stattfindet.

Lit.: (17).

9. Übung

Zuckerbestimmung

Reagentienbedarf:	*Gerätebedarf:*
n/10 Natriumthiosulfat	2 Mikrobüretten (G 22, Abb. 30)
FEHLINGsche Lösung	1 PREGL-Pipette O, 2 ml (G 19,
Kaliumjodidlösung (30%)	Abb. 24)
Schwefelsäure (25%)	1 Stabpipette 1 ml
Probenlösung, die bis zu 1%	Spitzbecher (G 5a, Abb. 8)
Zucker enthalten darf	Rührstäbchen (G 7)
	1 Heizblock (M 1c, Abb. 57, 58)
	1 Wasserbad (M 1g, Abb. 62)
	Halteringe (G 12a, Abb. 17)

Herstellung der Reagentien. Die zur Zuckerbestimmung benötigte FEHLINGsche Lösung wird durch Zusammenmischen einer Kupfersulfatlösung (34,6 g Kupfersulfat, krist. in 500 ml Wasser) mit einem gleichen Teil alkalischer Tartratlösung (173 g Seignettesalz und 50 g Natriumhydroxyd in 500 ml Wasser) frisch bereitet. Die beiden Reagentien sind, jedes für sich aufbewahrt, lange haltbar.

a) Bestimmung direkt reduzierender Zucker

In einen Spitzbecher mißt man mittels einer PREGL-Pipette 200 μl FEHLINGsche Lösung ein, läßt die Zuckerlösung aus der Bürette zufließen (bei ungefähr 1%igen Lösungen 100 μl) und setzt so viel Wasser zu, bis die Gesamtmenge 1 ml beträgt. Das Gemisch wird im Spitzbecherblock erhitzt, wobei die Zeit bis zum beginnenden Sieden etwa 2—3 min betragen soll (Heizblocktemperatur daher nicht über 140° C!), und 1 min im Sieden gehalten. Die Probe soll nur mäßig kochen, damit nichts verspritzt und sich das Volumen der Flüssigkeit nicht merklich ändert. Dann kühlt man in kaltem Wasser schnell auf ungefähr 25° C ab, fügt 3 Tropfen (etwa 100 μl) 30%ige Kaliumjodidlösung und 3 Tropfen 25%ige Schwefelsäure zu und titriert unter fortwährendem Mischen mit dem Rührstäbchen mit n/10 Thiosulfatlösung, bis die Jodfärbung auf gelb zurückgegangen ist. Nach Zugabe von 1 Tropfen 1%iger Stärkelösung wird langsam weitertitriert, bis das Blau aus der Probe völlig verschwunden ist und nur mehr die rahmgelbe Farbe des Kupfer(I)-jodids übrig bleibt und sich einige Minuten unverändert hält.

Die Blindproben werden in gleicher Weise angesetzt und behandelt, nur wird an Stelle der Zuckerlösung Wasser zugesetzt, damit das Gesamtvolumen der Probe 1 ml ausmacht.

Berechnung. Von dem für die Blindprobe ermittelten Thiosulfatverbrauch wird der Verbrauch für die Hauptprobe in Abzug gebracht (unter Berücksichtigung der vorgelegten Menge an Zuckerlösung). Diese Differenz gibt die vom Zucker reduzierte Kupfermenge in Mikrolitern n/10 Natriumthiosulfatlösung an. Durch Multiplikation mit dem Faktor der vorhandenen Zuckerart erhält man die entsprechende Zuckermenge.

Die empirisch ermittelten Faktoren für die verschiedenen Zucker sind: 1 μl n/10 Thiosulfat entspricht

Invertzucker	0,0038 mg
Glucose	0,0036 ,,
Fructose	0,0039 ,,
Galaktose	0,0039 ,,
Lactose	0,0053 ,,
Maltose	0,0062 ,,

Als die wichtigste analytische Eigenschaft von Zuckerarten, sei es unmittelbar oder nach Hydrolyse, gilt die Fähigkeit alkalische Kupferlösungen beim Kochen unter Ausscheidung von Kupferoxydul zu reduzieren. Als Reagens dient vorwiegend FEHLINGsche Lösung. Bei dieser Reaktion handelt es sich jedoch nicht um eine einfache, stöchiometrisch verlaufende Oxydation der Zucker zu den betreffenden Säuren, sondern um einen komplizierteren Vorgang, der zur Aufspaltung des Zuckermoleküls führt. Bei verschiedenen Zuckerkonzentrationen tritt demnach keine strenge Relation zwischen Zucker und nichtreduziertem Kupfer auf. In dem kleinen Bereich, in welchem beim Mikroverfahren gearbeitet wird, weicht jedoch dieses Verhältnis von einer geradlinigen Funktion sehr wenig ab. Durch Multiplizieren der Anzahl Mikroliter verbrauchter Natriumthiosulfatlösung mit den obenstehenden, empirisch ermittelten Faktoren der verschiedenen Zuckerarten erhält man Ergebnisse, die innerhalb der Genauigkeitsgrenzen der üblichen Makromethoden zur Zuckerbestimmung bleiben.

Reaktionsverlauf. Die bei der Zuckerbestimmung nicht reduzierte Menge Kupfer wird jodometrisch bestimmt.

Zu der vom Kupferoxydul getrennten Flüssigkeit wird ein kleiner Überschuß Schwefelsäure und Jodkalium gegeben und dann das nach der Gleichung

$$2\,CuSO_4 + 4\,KJ = 2\,K_2SO_4 + 2\,CuJ + J_2$$

freiwerdende Jod mit Natriumthiosulfat titriert.

b) Bestimmung der Saccharose

Reagentienbedarf:

Gerätebedarf:

n/10 Salzsäure

Meßkolben 50 ml

n/10 Natronlauge

1 Pipette 5 ml

Methylorange

Wasserbad

Probenlösung

Die Saccharose ist ein Disaccharid aus einem Molekül Glucose und einem Molekül Fructose. Da sie keine reaktionsfähige Carbonylgruppe besitzt, reagiert sie nicht mit FEHLINGscher Lösung. Durch Fermente oder schwache Säuren wird sie in Glucose und Fructose gespalten und dieses Gemisch, der „Invertzucker", reduziert nun die FEHLINGsche Lösung.

Zur Ausführung der Inversion einer Zuckerlösung hat sich folgende Arbeitsweise gut bewährt:

25 ml einer ungefähr 1%igen Zuckerlösung werden in ein Meßkölbchen zu 50 ml Inhalt gefüllt, mit 5 ml n/10 Salzsäure versetzt und ½ Std lang im bedeckten Wasserbad gekocht. Danach wird sofort abgekühlt und mit n/10 Natronlauge gegen Methylorange oder Universalindicatorpapier neutralisiert. Nachdem zur Marke aufgefüllt worden ist, wird das Reduktionsvermögen der Zuckerlösung nach der unter a) beschriebenen Methode bestimmt. Die verbrauchten μl n/10 Natriumthiosulfatlösung werden mit dem Faktor 0,0036 (das ist F Invertzucker $\times$ 0,95) multipliziert.

Bestimmung mehrerer Zucker im Gemische nebeneinander

Durch Bestimmung des Reduktionsvermögens der Probenlösung vor und nach der Inversion kann man die Anteile an Saccharose und direkt reduzierenden Zuckern berechnen. Die Differenz der Titrationswerte vor und nach der Inversion ergibt den bei der Inversion entstandenen Invertzucker und durch Multiplikation mit 0,95 die Saccharose[1].

In einem einfachen Gemisch von 2 Zuckerarten wie Glucose, Maltose oder Lactose einerseits und Fructose andererseits können die Aldosen auf Grund ihrer Oxydierbarkeit durch Jod in schwach alkalischer Lösung nach R. WILLSTÄTTER-SCHUDEL (Mikromethodik umgearbeitet nach G. GORBACH) bestimmt werden. Man bestimmt den Gesamtzucker und dann die Aldosen und erhält aus der Differenz den Gehalt an Fructose. Bezüglich der Einzelheiten dieser Methoden sei auf die unten angeführte Literatur verwiesen.

Klärung der Zuckerlösungen

Reagentienbedarf:

Kaliumhexacyanoferrat(II)-
   Lösung (15%)
Zinksulfatlösung (30%)
Phenolphthalein
Natronlauge

Gerätebedarf:

1 Meßkolben 50 ml
1 Trichter
2 Pipetten

Die eingewogene Probe (je nach Zuckergehalt 0,5—3 g) wird in einem 50 ml Meßkolben mit Wasser verdünnt und mit 1 ml Kaliumhexacyanoferrat(II)-Lösung sowie 1 ml Zinksulfatlösung versetzt und gut durchgeschüttelt. Nach Neutralisation mit Natronlauge und Phenolphthalein als Indicator füllt man bis zur Marke auf und filtriert durch ein trockenes Faltenfilter. Die so enteiweißte Zuckerlösung wird nun direkt oder nach Inversion bestimmt.

Die Bestimmung des Zuckers in Lebensmitteln wird oft durch die Anwesenheit von Eiweißstoffen und deren Spaltprodukten gestört. Man kann diese Stoffe ausfällen, indem man die störenden Kolloide mit Schwermetallen zu unlöslichen Niederschlägen verbindet und diese durch Filtrieren entfernt. Hierzu eignet sich das Verfahren nach C. CARREZ. Es besteht darin, daß man in der Probenlösung durch Kaliumhexacyanoferrat(II) und ein lösliches Zinksalz (Acetat, Sulfat, Chlorid) im Überschuß einen voluminösen unlöslichen Niederschlag von Zinkhexacyanoferrat(II) erzeugt, der die vorhandenen Kolloide mitreißt.

Lit.: (18).

---

[1] Der Faktor 0,95 ergibt sich aus der Anlagerung von H_2O an die durch die Invertierung aufgespaltenen Saccharide des Rohzuckers.

10. Übung

Bestimmung von Calcium in Wasser

Reagentienbedarf:	*Gerätebedarf:*
n/10 Kaliumpermanganatlösung	2 Spitzbecher (G 5a, Abb. 8)
Kaliumoxalatlösung (20%)	Wasserbad (M 1g, Abb. 62)
Schwefelsäure (25%)	1 Deckel (G 9, Abb. 11)
Versuchsmaterial: Wasser	1 Mikrobürette (G 22, Abb. 30)
	1 Filtrierglocke (G 28, Abb. 38)
	1 Filterstäbchen (G 23, Abb. 32)
	1 Pipette 0,2 ml (G 18, Abb. 23)
	1 Pipette 0,2 ml (G 20, Abb. 26)

2 ml des zu untersuchenden Wassers, das nötigenfalls zuvor eingeengt bzw. vorbehandelt worden ist (s. u. besondere Hinweise),
werden in einen Spitzbecher pipettiert und auf dem Wasserbad auf
80° C erhitzt. (Temperaturkontrolle erfolgt mit einem Mikrother-
mometer, das man in einen mit 2 ml destilliertem Wasser beschick-
ten Spitzbecher gibt.) Sobald diese Temperatur erreicht ist (unterhalb 80° C entsteht ein zu feiner Niederschlag), fügt man 0,5 ml
20%ige Kaliumoxalatlösung hinzu und erhitzt anschließend noch
15 min im stark siedenden Wasserbad, wobei sich der Niederschlag
grobkristallin zu Boden setzt. Nachdem man nötigenfalls noch
kurz zentrifugiert hat, wird mittels Papierfilterstäbchen an der
Filtrierglocke die über dem Niederschlag stehende Flüssigkeit weit-
möglichst abgesaugt. Am Filterstäbchen und an der Wandung des
Fällungsgefäßes läßt man daraufhin 0,5 ml destilliertes Wasser
tropfenweise herunterfließen, wirbelt damit den Niederschlag auf
und erhitzt etwa 1 min im Wasserbad. Hernach wird zentrifugiert
und durch das gleiche Filterstäbchen filtriert. Dieses Waschen des
Calciumoxalatniederschlages wird 3mal vorgenommen. Hierauf
bringt man das Filterstäbchen mit den anhaftenden Niederschlags-
partikelchen in einen zweiten Spitzbecher, fügt 0,2 ml 25%ige
Schwefelsäure und 0,5 ml destilliertes Wasser hinzu und erhitzt
kurz auf dem Wasserbad. Durch mehrmaliges Hin- und Hersaugen
der Säure wird der am Filter haftende Niederschlag in Lösung gebracht. Man bringt die schwefelsaure Lösung in den die Haupt-
niederschlagsmenge enthaltenden Spitzbecher. Das Filter und den
zweiten Spitzbecher spült man mit wenig destilliertem Wasser
nach und gibt dieses zur Probe zu bis das Volumen etwa 2 ml beträgt. Zur völligen Lösung des Niederschlages gibt man die Probe
kurz ins Wasserbad. Man titriert die heiße Probe mit n/10 Kaliumpermanganatlösung auf schwache, einige Minuten bestehen-
bleibende rosa Färbung.

Von der Anzahl der bei der Titration verbrauchten Mikroliter n/10 Kaliumpermanganatlösung bringt man jeweils 1 μl in Abzug, da bei der manganometrischen Titration in einer derart kleinen Flüssigkeitsmenge ein gewisser, bei allen Bestimmungen gleichbleibender, empirisch ermittelter Überschuß an n/10 Permanganatlösung erforderlich ist, um dem Auge das Ende der Titration sichtbar werden zu lassen.

Von den bei der Titration verbrauchten Mikroliter n/10 Kaliumpermanganatlösung entspricht je:

1 μl n/10 Kaliumpermanganat . . . . . . 0,00284 mg CaO
bzw. 0,14° deutscher Härte

Besondere Hinweise. Bei sehr weichen Wässern geht man von einer größeren Probe aus und dampft diese vor der Fällung auf etwa 2 ml ein. Tritt beim Erhitzen der Probe bereits vor der Fällung durch Kaliumoxalat eine Trübung auf (verursacht durch sich abscheidendes Calciumcarbonat), so löst man diese durch Zusatz einer eben ausreichenden Menge n/10 Salzsäure auf.

Störungen können durch größere Mengen organischer Substanzen sowie Eisensalze verursacht werden. Durch Zusatz 10%iger Ammoniumpersulfatlösung und 10 min langes Erhitzen werden die organischen Stoffe zerstört. Gleichzeitig wird das zweiwertige Eisen oxydiert. Das Eisen wird sodann durch 10%igen Ammoniak gefällt und abfiltriert.

Lit.: (11).

11. Übung

Mikrobestimmung der Wasserhärte mit Komplexon nach H. FLASCHKA

Reagentienbedarf:	*Gerätebedarf:*
Komplexonlösung	1 Halbmikrobürette (10 ml)
Pufferlösung	2 50 ml Kölbchen aus Jenaerglas
Indicatoren: Murexid und	1 Pipette zu 5 ml
Eriochromschwarz T	
Kaliumcyanid p. a. fest oder	
Natriumsulfid p. a. fest	
50%ige Natronlauge	

Reagentienherstellung. Für die Komplexonlösung löst man 0,3318 g Komplexon III ($Na_2H_2Y + 2\ H_2O$)[1] und 0,05—0,1 g Magnesiumkomplexon (K_2MgY)[1] in absolut calcium- und magnesiumfreiem

---

[1] Y = Anion der Äthylendiamintetraessigsäure.

Wasser zu 1 Liter. Bei 5 ml vorgelegter Probe entspricht 1 ml der Lösung 1 DH°.

Die Pufferlösung besteht aus 5,4 g Ammoniumchlorid p. a. und 35 ml konz. Ammoniak p. a. (d = 0,91, 25%) in reinstem Wasser gelöst.

Sowohl Murexid als auch Eriochromschwarz T sind in Lösung nicht lange haltbar, daher verwendet man beide Indicatoren in fester Verdünnung gemäß einem Vorschlag von FLASCHKA u. SCHÖNIGER. Man verreibt Murexid bzw. Eriochromschwarz T im Verhältnis 1:500 mit Natriumchlorid trocken, p. a., zu einem staubfeinen Pulver.

Ausführung der Bestimmung

Bestimmung der Calciumhärte. Man pipettiert 5,00 ml Wasser in ein 50 ml Kölbchen aus Jenaerglas und versetzt mit 3—4 Tropfen Natronlauge (50%ig). Mit einem kleinen Spatel bringt man soviel Murexindicator ein, daß eine kräftige, lachsrote Färbung entsteht und titriert unmittelbar darauf mit der Komplexonlösung bis zum Umschlag nach leuchtend Violett.

Bestimmung der Gesamthärte. Man pipettiert 5,00 ml Wasser in ein 50 ml Kölbchen aus Jenaerglas und versetzt mit 8—10 Tropfen Pufferlösung sowie einigen Kristallen Kaliumcyanid (oder Natriumsulfid). Nachdem man soviel Eriochromschwarz T-Indicatorpulver eingetragen hat, daß eine deutliche Rotfärbung entstanden ist, titriert man mit Komplexonmaßlösung bis zum Umschlag von Weinrot nach Reinblau. Mit Kaliumcyanid werden die Störelemente in komplexe Cyanide übergeführt.

Bestimmung der Magnesiumhärte. Man bestimmt in zwei getrennten 5 ml Proben, wie oben beschrieben, die Gesamthärte und die Calciumhärte. Die Differenz entspricht der Magnesiumhärte.

Murexid bildet in stark alkalischem Medium (p_H über 12) mit Calcium einen lachsrot gefärbten Komplex. Im Verlauf der Titration mit dem Dinatriumsalz der Äthylendiamintetraessigsäure (Komplexon) wird erst das freie Calcium in den Komplexonkomplex (CaH_2Y) übergeführt, ist dieses verbraucht, erfolgt der Angriff auf das am Murexid haftende. Am Endpunkt der Titration erscheint in der Lösung die Farbe des freien Murexids, ein leuchtendes Violett. Mit dem Farbstoff Eriochromschwarz T bildet Magnesium in einer durch Ammoniakpuffer auf einen p_H-Bereich von 8—10 gebrachten Lösung einen weinrot gefärbten Komplex. In magnesiumfreier Lösung ist der Farbstoff unter den gleichen Bedingungen rein blau gefärbt. Calcium wird stärker als Magnesium gebunden, daher kann bei gleichzeitiger Anwesenheit von Calcium und Magnesium zuerst das Calcium und dann das Magnesium durch das Komplexon erfaßt werden.

Lit.: (19).

12. Übung

Vitamin C-Bestimmung: Einwaagen von Probenmaterial 0,05—0,5 mg

Reagentienbedarf:	*Gerätebedarf:*
Trichloressigsäure (8%)	Spitzbecher (G 5a, b, Abb. 8, 9)
2,6-Dichlorphenolindophenol	Haltering (G 12a, b, Abb. 17)
(Hoffmann-La Roche, in	Achatreibschale
Tabletten)	Zentrifuge (M 3, Abb. 66)
Seesand p. a.	Filtrierglocke (G 28, Abb. 38)
Probenmaterial	1 Filterstäbchen (G 23, Abb. 32)
	1 PREGL-Pipette 0,2 ml (G 18, Abb. 23)
	1 Mikrobürette (G 22, Abb. 30)

Reagentienherstellung. Man löst eine Tablette 2,6-Dichlorphenolindophenol (Hoffmann-La Roche) in 50 ml (Meßkolben) gekochtem destilliertem Wasser auf, eventuell unter Erwärmen, wobei jedoch eine Temperatur von 90° C nicht überschritten werden darf. Der Indicator ist in alkalischem, neutralem und schwach saurem Milieu blau, in stärker saurem rot.

1 ml dieser Lösung entspricht . . . . . . 0,02 mg 1-Ascorbinsäure. Die Lösung ist im Dunkeln aufbewahrt einige Tage haltbar.

Ausführung der Bestimmung. Je nach der zu erwartenden Ascorbinsäuremenge werden 0,05—0,5 mg des zerkleinerten Materials in einer kleinen Reibschale unter Zugabe einer Messerspitze gereinigten Seesandes und 1 ml 8%iger Trichloressigsäure kräftig verrieben und unter Nachwaschen mit wenig Säure in einen großen Spitzbecher übergeführt. Dann zentrifugiert man kurz in der Handzentrifuge und filtriert an der Filtrierglocke mittels Papierfilterstäbchen vom festen Bodensatz ab. Das Gesamtvolumen des Extraktes soll 2—5 ml nicht überschreiten. Man füllt diese Probe in eine Mikrobürette und muß sofort und rasch titrieren. In einem Spitzbecher werden mittels einer zweiten Bürette oder einer PREGL-Meßpipette 0,100—0,500 ml der Indicatorlösung vorgelegt und mit der Probenlösung titriert. Schon bei Zugabe der ersten Tropfen des Extraktes aus der Bürette tritt infolge der durch den Trichloressigsäuregehalt bewirkten Säuerung der Umschlag des blauen Indicators nach rot ein. Der Endpunkt der Titration von rot auf farblos ist bei nicht allzu verdünnter Lösung gut zu erkennen. Statt Trichloressigsäure kann man auch

2%ige Metaphosphorsäure zur Enteiweißung und Extraktion verwenden. In manchen Fällen, besonders wenn die zu bestimmenden Mengen Ascorbinsäure sehr klein sind, ist Metaphosphorsäure vorzuziehen, da sie keine Entfärbung des Indicators bewirkt, was bei der in diesem Fall etwas länger dauernden Titration das Ergebnis beeinflussen könnte.

Vitamin C reduziert den blauen Farbstoff 2,6-Dichlorphenolindophenol und wird auf Grund dieser Reaktion titrimetrisch bestimmt.

Bei selbst hergestellten Indicatorlösungen ist der Titer festzustellen, ebenso bei Lösungen, die mit alten Tabletten hergestellt wurden. Alte Tabletten sind teilweise zersetzt; sie lösen sich in Wasser nicht klar, sondern setzen einen rosabräunlichen Niederschlag ab. Solche Lösungen müssen filtriert und eingestellt werden. Dies geschieht mit reinem Vitamin C, das seinerseits gegen Jod eingestellt wird.

1 ml n/10 Jodlösung . . . . 0,88 mg Vitamin C
(15 g Kaliumjodid im Liter. Der Titer wird durch Titration mit Thiosulfat festgestellt.)

Lit.: (20).

13. Übung

Mikroschnellmethode zur Bestimmung des Wassergehaltes (Carbidmethode)

Reagentienbedarf:	*Gerätebedarf:*
Calciumcarbid pulverisiert	Wasserbestimmungsapparatur
Ammoniumoxalat p. a.	(G 42, Abb. 54)
Probenmaterial	Mikroheizblock (M 1,
	Abb. 57, 58)
	1 Thermometer
	Analytische Waage oder Torsionswaage nach GORBACH

Vor der Bestimmung und im Laufe von Serienbestimmungen ist die Dichtigkeit der Apparatur in der Weise zu prüfen, daß man bei angeschlossenem Spitzbecher durch Hochheben des Niveaurohres die Apparatur unter Druck setzt; der Meniscus darf seine Lage innerhalb mehrerer Stunden nicht ändern.

a) Bestimmung des Wirkungswertes von Calciumcarbid

Das Carbidvorratsgefäß füllt man mit pulverisiertem Carbid und setzt es auf den gefetteten Schliff auf. Man wägt ungefähr 50 mg Ammoniumoxalat (p. a. krist.) direkt in einen Schliffspitzbecher[1] genau ein und bringt den Spitzbecher ebenfalls auf den leicht mit Vaseline gefetteten Schliff auf. Mittels Niveaurohr stellt man nun

---

[1] Bei hygroskopischen Substanzen wird dieser Spitzbecher zum Einwägen mit einer Verschlußkappe versehen. Sie wird auf Wunsch mitgeliefert.

den Meniscus der Quecksilbersäule (unter Umschalten des Zweiweghahnes zur Lüftung) auf die Nullmarke ein (beide Meniscen in gleicher Höhe!). Hierauf wird die Verbindung mit dem Acethylenentwicklungsteil hergestellt, wobei die Meniscen in ihrer ursprünglichen Lage verbleiben müssen. Andernfalls steht die Apparatur unter Druck und die Manipulation muß wiederholt werden. Nun dreht man das Carbidvorratsgefäß und schüttelt dadurch eine kleine Menge (ungefähr die 3fache Menge der Probe) Carbid zur Probe und vermengt dieses damit gut unter Klopfen. Der Spitzbecher wird nun in den konstant auf 110° C gehaltenen Heizblock gebracht. Die Acetylenentwicklung setzt augenblicklich ein. In dem Maß, in dem der Quecksilbermeniscus absinkt, senkt man das Niveaurohr, damit kein Überdruck in der Apparatur entsteht. Ein Unterdruck von 1—2 cm Quecksilber dagegen ist ohne Einfluß auf die Genauigkeit der Bestimmung. Die anfangs rasche Gasentwicklung wird allmählich langsamer und ist nach etwa 5 min beendet (Stillstehen des Meniscus). Dann entfernt man den Heizblock, läßt zum Temperaturausgleich 5—10 min stehen und liest dann wie üblich bei gleichhoch gestellten Meniscen von Meßbürette und Niveaurohr die Milliliter entwickelten Acethylens ab. Die Ablesung wiederholt man 2mal nach je 5 min Warten[1].

Zur Berechnung des Wirkungswertes dient folgende Formel:

$$W.W. = \frac{\% \times 10 \times E \times (1+\alpha t) \times 760}{V \times B}$$

$\%$ . . . Feuchtigkeit (bei Ammoniumoxalat 12,65%)
E . . . Einwaage
α . . . 1/273
t : . . Temperatur des Raumes
V . . . abgelesenes Gasvolumen
B . . . Barometerstand.

1 ml Acethylen (0° C, 760 mm Hg) entspricht 1,607 mg Wasser. Bei Verwendung von handelsüblichem Calciumcarbid und unter Berücksichtigung des geringen Apparatefehlers beträgt der Wirkungswert 1,7—1,8.

Unter Verwendung der nachstehenden Tafel zur Reduktion von Gasvolumen auf Normalbedingungen vereinfacht sich die Berechnung wie folgt:

$$\text{Reduktionsfaktor } f_r = \frac{B}{(1+\alpha t) \times 760} \text{ somit ergibt sich:}$$

$$W.W. = \frac{\% \times 10 \times E}{V \times f_r}.$$

---

[1] Die Haftfestigkeit des Feuchtwassers läßt sich aus der Geschwindigkeit des Absinkens des Hg-Meniscus sehr gut kurvenmäßig darstellen.

b) Wasserbestimmung im Probenmaterial

Die Bestimmung erfolgt genau so wie unter a) beschrieben, nur richten sich die Einwaagen nach dem zu erhaltenden Wassergehalt; also zwischen 20 und 200 mg. Zur Berechnung dient folgende Formel:

$$\% \text{ Wassergehalt} = \frac{W.W.\times V \times B}{10 \times E \times (1+\alpha t) \times 760}$$

wobei $W.W.$ den vorher ermittelten Wirkungswert von Calciumcarbid darstellt. Bei Verwendung der vorhin erwähnten Tafel vereinfacht sich die Formel folgendermaßen:

$$\% \text{ Wassergehalt} = \frac{W.W.\times V \times f_r}{10 \times E}$$

Nach Beendigung der Bestimmung reinigt man den Schliffspitzbecher durch Auswischen mit Wattebäuschchen oder einem trockenen Tuch. Nur in den seltensten Fällen bedarf es einer Reinigung mit Wasser. Dann aber ist eine tadellose Trocknung im Trockenschrank notwendig.

Lit.: (21).

14. Übung

Bestimmung von Provitamin A (Carotin) in Kürbiskernen

Für Einwaagen von etwa 100 mg Kürbiskernen.

Reagentienbedarf:

Methanol
Benzin (Sp. 70—80° C)
Aluminiumoxyd
Azobenzol-Standardlösung
  14,5 mg auf 100 ml 96%ige.
  Alkohol
Probenmaterial

Gerätebedarf:

Spitzbecher (G 5a, Abb. 8)
1 Haubenrückflußkühler
  (G 38, Abb. 49)
1 Storchenschnabel (G 34,
  Abb. 44)
1 Filtrierpipette (G 29, Abb. 39)
1 Adsorptionsröhrchen
1 Heizblock (M 1, Abb. 57)
1 Thermometer
Zentrifuge (M 3, Abb. 66)
Mikrocolorimeter (G 43,
  Abb. 72)

Herstellung des Adsorptionsröhrchens. Hierzu dient ein 7—8 cm langes und 1,3 mm breites Röhrchen, das sorgfältig mit Aluminiumoxyd gefüllt wird. Zuerst schiebt man mit einem Draht einen

kleinen Wattebausch etwa $^1/_2$ cm tief in das Röhrchen ein und saugt
dann durch die andere Öffnung ungefähr 1 cm hoch Aluminiumoxyd an. Man stopft dieses mit einem Draht fest, läßt das Röhrchen etliche Male durch ein etwa $^1/_2$ m hohes weiteres Glasrohr
herunterfallen und stopft nochmals mit dem Draht fest. Dann saugt
man die nächste Menge Aluminiumoxyd in das Röhrchen und
wiederholt diesen Vorgang so oft, bis das Röhrchen bis auf $^1/_2$ cm
vom oberen Rand mit Aluminiumoxyd gefüllt ist.

Ausführung der Analyse. 0,1 g Kürbiskernkuchen wird in einen
Spitzbecher eingewogen und zwecks Extraktion mit 1 ml Benzin
versetzt. Man stellt den Spitzbecher auf den Heizblock und
extrahiert 10 min lang bei 50° C unter dem Haubenrückflußkühler. Hierauf wird der auf Zimmertemperatur abgekühlte
Spitzbecher zentrifugiert, um die Kürbiskernteilchen vom Extraktionsmittel zu trennen. Die überstehende klare Flüssigkeit
wird mit einem Storchenschnabel, den man bis knapp über den
festen Rückstand eintaucht, abgehebert. Zum Kürbiskernkuchen
im Spitzbecher gibt man nun 1 ml Methanol und 1 ml Benzin,
erwärmt wieder 10 min lang auf 50° C unter dem Haubenrückflußkühler, läßt 1 min bei Zimmertemperatur stehen und zentrifugiert
die Probe. Mit dem Storchenschnabel, in dem sich noch der erste
Extrakt befindet, hebert man die klare Flüssigkeit ab. Diese Operation wird noch ein drittes Mal wiederholt. Im Storchenschnabel
befinden sich nun die Lösungsmittel von 3 Extraktionen; hierzu
saugt man 5—10 Tropfen Wasser und läßt anschließend, anstatt
durchzuschütteln, etwas Luft durch das Gemisch strömen. Dadurch trennen sich die beiden Lösungsmittel scharf voneinander.
Die Methanolschicht, die sich unten befindet, wird abgelassen. Die
Benzinschicht wird in einen neuen Spitzbecher gebracht und auf
dem Heizblock bei 50° C auf ein Volumen von 1 ml eingeengt.

Die Abtrennung des Chlorophylls und der übrigen unerwünsch-
ten Begleitsubstanzen vom Carotin erfolgt nun durch Adsorption
an Aluminiumoxyd. Das Adsorptionsröhrchen wird mit Hilfe
eines Radventilschläuchchens an die Filtrierpipette angeschlossen
und die Probe hindurchgesaugt. Die gereinigte Carotinlösung
gelangt in die Filtrierpipette, da das Chlorophyll nach Passieren
von 3—4 cm Schichthöhe im Röhrchen festgehalten wird. Mit
einigen Tropfen Benzin wäscht man nach. Nachdem das Adsorptionsröhrchen von der Filtrierpipette abgenommen worden ist,
wird die Carotinlösung in ein kleines Meßkölbchen (1 bis höchstens
2 ml fassend) abgelassen. Die Probenlösung wird nun im Mikrocolorimeter colorimetriert. Die eine Capillare einschließlich des

Vorratsrohres bis zum Knie wird mit der Probelösung gefüllt, die zweite Capillare mit der Azobenzol-Standardlösung. 1 ml dieser Standardlösung entspricht 0,00235 mg Carotin. Meistens ist sie jedoch zu konzentriert, und man wird mit einer 10fachen Verdünnung arbeiten. (1 ml entspricht dann 0,000235 mg Carotin.) Die beiden Capillaren werden in das Colorimeterrohr eingeschoben. Durch Drehen der Schraube wird die Farbtiefe der Probenlösung auf die der Standardlösung gebracht. Die Berechnung erfolgt nach dem LAMBERT-BEERschen Gesetz $c_1 : c_2 = d_1 : d_2$.

Lit.: (22).

VI. Bestimmung physikalischer Konstanten

Im Laufe der Zeit sind zur eindeutigen Charakterisierung und Identifizierung von Substanzen durch die Bestimmung ihrer physikalischen Konstanten zahlreiche Mikromethoden beschrieben worden. All diese eingehend zu besprechen, würde den Rahmen dieses Praktikums bei weitem überschreiten. Hier genüge ein kurzer Hinweis auf die gebräuchlichsten und bewährtesten Arbeitsweisen zur Mikrobestimmung von Schmelzpunkten, Siedepunkten, Molekulargewichten und spezifischen Gewichten, im übrigen sei auf deren ausführliche Behandlung in anderen Fachbüchern verwiesen.

Mikroschmelzpunktbestimmung. Dank der Vervollständigung der notwendigen technischen Hilfsmittel stellen die heute gebräuchlichen Apparaturen — wie die nach KOFLER — verläßliche Einrichtungen dar, die eine genauere Prüfung auf Einheitlichkeit und Reinheit einer Substanz ermöglichen als die Bestimmung im Capillarrohr.

Die Schmelzpunktbestimmungsapparatur besteht aus einem elektrisch heizbaren Metallblock, der mit 2 Fixierschrauben am Objekttisch eines jeden Mikroskopes angeschraubt werden kann. Eine kleine Öffnung in der Mitte des Heiztisches erlaubt den Lichtdurchtritt, in eine seitliche Bohrung wird das Thermometer federnd gelagert eingeführt. Die Substanz liegt zwischen Objektträger und Deckglas auf dem Heiztisch und wird bei etwa 100facher Vergrößerung betrachtet. Die Temperatur wird durch einen Schiebewiderstand so reguliert, daß sie in der Nähe des Schmelzpunktes etwa 4° C pro Minute ansteigt. Durch Eichen mit Testsubstanzen von bekanntem Schmelzpunkt können etwaige Temperaturdifferenzen zwischen Objektträger und Thermometer ausgeschaltet werden.

Die Schmelzpunktbestimmung selbst kann auf 2 Arten erfolgen. Bei der „durchgehenden" Schmelzpunktbestimmung wird die Temperatur ohne Unterbrechung bis zum vollständigen Schmelzen der Substanz gesteigert, bei der genaueren „Gleichgewichts"-Schmelzpunktbestimmung wird durch wechselweises Abschalten und neuerliches Wiedererhitzen ein Gleichgewichtszustand zwischen fester und flüssiger Phase erstrebt.

Einfache Schmelzpunktbestimmungen können auch sehr gut mit der von uns erprobten, auf Abb. 61 gezeigten Versuchsanordnung, mit Hilfe des Universalheizkörperstatives durchgeführt werden, wobei man den Vorteil hat, daß die Testsubstanz zugleich mit der zu prüfenden Substanz durch die Lupe beobachtet werden kann.

Mikrosiedepunktbestimmung. Außer der bereits von E. EMICH beschriebenen Methodik stellt die verkleinerte Apparatur nach SCHLEIERMACHER eine geeignete Mikroeinrichtung zur Bestimmung des Siedepunktes flüssiger und auch fester Körper dar. Sie ist in der quantitativen organischen Mikroanalyse von PREGL-ROTH (*6*) beschrieben.

Hierbei wird die in einem Siedepunktröhrchen über Quecksilber eingeschmolzene Substanz so lange erhitzt, bis ihr Dampfdruck gleich dem außen herrschenden Atmosphärendruck ist, das heißt, bis beide Quecksilbermeniscen in dem U-förmig gebogenen Rohr das gleiche Niveau aufweisen. Das Rohr wird in einem Aluminiumheizblock erwärmt, der in einer weiteren Bohrung das Thermometer aufnimmt. Ein Glimmerfenster an Vorder- und Hinterfläche des Blockes erlaubt die Beobachtung der Quecksilbersäulen. Der ganze Heizblock ist mit Asbestpappe zu umgeben. Auf diese Weise erreicht man Temperaturkonstanz und kann bei Verwendung geeigneter Thermometer im Bereiche von 30—250° eine Ablesegenauigkeit von $\pm$ 0,1° erzielen.

Bestimmung des Molekulargewichtes. Mehrere der klassischen Molekulargewichtsbestimmungen bzw. deren Modifikationen wurden auch in den Mikromaßstab übertragen. So war es zunächst F. PREGL, der die BECKMANNsche ebullioskopische Methode umarbeitete und damit die erste Mikromolekulargewichtsbestimmung schuf. Da gegenüber der geringeren Siedepunkterhöhung die molare Schmelzpunkterniedrigung weitaus größer ist, verdient die kryoskopische Methode nach K. RAST den Vorzug.

Die auf diesem Prinzip beruhende Bestimmung kann auf verschiedene Weise vorgenommen werden. Je nach dem Aggregatzustand der Probensubstanz, dem gewählten Lösungsmittel, welches einerseits ein gutes Lösungsvermögen für die Substanz besitzen soll und andererseits eine große, von der Konzentration der gelösten Substanz unabhängige, molare Schmelzpunkterniedrigung aufweisen muß, wird man der einen oder der anderen den Vorzug geben. So kann die Probe zwischen Objektträger und Deckglas eingebettet beobachtet werden, sie kann sich im Capillarröhrchen befinden und im heizbaren Metallblock zum Schmelzen gebracht werden oder auch im Schmelzpunktröhrchen, wobei sie durch die Lupe betrachtet wird. Die erforderlichen Hilfseinrichtungen und Arbeitsweisen sind in der angegebenen Literatur nachzulesen.

Eine weitere Methode zur Bestimmung des Molekulargewichtes — nach BARGER — beruht auf osmotischen Gesetzen. Die osmotisch schwächere Lösung gibt an die osmotisch stärkere so lange Lösungsmittel ab, bis ein Gleichgewichtszustand erreicht ist. Von der zu bestimmenden Substanz wird eine Lösung bestimmter Konzentration bereitet und gegen Vergleichslösungen bekannter Molarität geprüft. In eine Capillare wird zwischen Luftbläschen abwechselnd Substanz und Vergleichslösung gefüllt und der durch die osmotischen Vorgänge bedingte veränderte Abstand der beiden Meniscen unter dem Mikroskop mit einem Okularmikrometer gemessen.

Seltener findet die Methode der Dampfdichtebestimmung nach J. B. NIEDERL u. V. NIEDERL Anwendung.

Bestimmung des spezifischen Gewichtes. Zur Bestimmung des spezifischen Gewichtes von Flüssigkeiten haben sich die von F. PREGL angegebenen Wägepipetten bestens bewährt (Abb. 27). Schiebt man ein Aufsatzröhrchen mit einem kurzen Schlauchstück auf die Pipettenspitze auf, so sind Verdunstungsverluste bei der gefüllten Pipette praktisch ausgeschaltet. Man wägt wie üblich zuerst mit Wasser und dann dieselbe Pipette mit der zu prüfenden Substanz. Zur Konstanthaltung der Temperatur werden die Pipetten in ein Temperierungsbad gestellt und vor der Wägung abgetrocknet. Praktischer ist es allerdings bei Zimmertemperatur zu arbeiten und die entsprechende Korrektur aus Tabellen zu entnehmen.

Eine weitere Methode, die auch bei sehr kleinen Flüssigkeitsmengen das spezifische Gewicht ermitteln läßt, ist das Verfahren nach ZUKRIEGEL und beruht auf dem Archimedischen Prinzip. Ein auf einem Waagebalken aufgehängter Senkkörper, dessen Volumen bekannt ist, verliert, in eine Probelösung getaucht, soviel an Gewicht, als seinem Auftrieb entspricht. Die Dichte ist aus der Beziehung vom Auftrieb zum Volumen gegeben. Die Anwendung des Archimedischen Prinzipes zur Bestimmung des spezifischen Gewichtes ist in Form der MOHR-WESTPHALschen Waage schon lange gebräuchlich; das neue Verfahren stellt nun die Umkehr des Prinzipes dar. Der scheinbare Gewichtsverlust des Tauchkörpers tritt selbstverständlich als vermehrter Gewichtsdruck auf die Grundfläche des Flüssigkeitsbehälters auf. Stellt man nun die zu prüfende Flüssigkeit in einem geeigneten Behälter auf eine Waage und ermittelt den Gewichtszuwachs nach Eintauchen eines Senkkörpers, der an einem von der Waage unabhängigen Stativ mittels Faden befestigt ist, kann man das spezifische Gewicht nach der einfachen Formel $s = P_1 - P_2$ errechnen, wobei P_1 das Gewicht der Flüssigkeit und P_2 das der Flüssigkeit bei eingetauchtem Senkkörper bedeutet.

Das Gerät zur Dichtebestimmung besteht aus einem kleinen Stativ, das in jeder Waage aufgestellt werden kann, und verschiedenen Senkkörpern mit dem genauen Volumen von 1, 0,5, 0,1, 0,01 cm³. Bei der Bestimmung taucht der freihängende Senkkörper in die Flüssigkeit, deren Gewichtszunahme sodann gemessen wird. Soll die Dichte eines festen Körpers bestimmt werden, so wird dieser nach vorherigem Feststellen seines analytisch genauen Gewichtes in die Flüssigkeit getaucht. Die Berechnung erfolgt nach der Formel: $s = \dfrac{-L}{V} \cdot P$ ... Gewicht, V ... Gewichtsdifferenz (Gefäß + Flüssigkeit + eingetauchter Körper) — (Gefäß + Flüssigkeit). Bei wasserlöslichen Körpern finden entsprechend andere Flüssigkeiten Verwendung. Zur Berechnung der Dichte ist die obige Gewichtsdifferenz durch die Tauchflüssigkeitsdichte zu dividieren.

Lit.: (23), (4).

VII. Methodik der Anreicherung von Spurenelementen in der Spektralanalyse

Die Anforderungen, die sich bei der Bestimmung von Metallspuren an die Empfindlichkeit einer Methode ergeben, werden von der Emissions-Spektralanalyse in gewissen Fällen nicht erfüllt. Im besonderen erhebt sich aus der Forderung nach der quantitativen Bestimmung von kleinsten Schwermetallspuren neben großen Mengen von Fremdionen in Wässern und biologischen Substanzen die Frage der Anreicherungsmöglichkeit als ein dringendes Problem, seit die biochemische und physiologische Forschung die Lebenswichtigkeit minimalster Mengen von Schwermetallen (Spurenmetalle genannt) beweisen konnte (24).

Verschiedenartige Anreicherungsverfahren sind seit vielen Jahren bekannt und gebräuchlich, jedoch haben sich jene Anreicherungsmethoden, welche sich der klassischen Gruppenreagentien in gasförmiger oder gelöster Form bedienen, nicht als befriedigend erwiesen.

Neben der Gefahr der Einschleppung von Verunreinigungen treten bei der Fällung und Trennung großer Mengen von kleinen Spuren der Nebenbestandteile Verluste durch Occlusion, Adsorption und Mischkristallbildung auf. Selbst bei der Fällung der Alkalien mit Chlorwasserstoffgas wird ein Teil der Spuren in der Fällung mitgerissen. Ferner wird die Abscheidung der Spurenmetalle mit Schwefelwasserstoff in manchen Fällen durch Anwesenheit eines großen Überschusses von Fremdionen vereitelt (25).

Eine Trennung der Schwermetallspuren von Eisen ist auf diesem Wege nicht durchführbar. Bei Verwendung von Spektrographen mittlerer und kleiner Dispersion kann aber wegen großen Linienreichtums des Ultraviolettspektrums von Eisen auf dessen Abtrennung nicht verzichtet werden.

Die Anwendung verschiedener organischer Reagentien in der analytischen Chemie eröffnet neue Möglichkeiten für die Anreicherung in der Spektralanalyse, und es finden sich besonders in jüngster Zeit in der Literatur mehrere Arbeiten dieser Richtung. Einer der ersten war ROHNER (26), welcher bei der spektralanalytischen Bestimmung von Quecksilber in Pyrit eine Ausschüttelungsreaktion zur Anreicherung heranzog. MITCHELL (27) und SCOTT fällen Spurenmetalle mit einem Gemisch von o-Oxychinolin, Tannin und Thionalid. SEMPELS (28) verwendet Natriumdiäthyldithiocarbamat zur Anreicherung von Nickel, Kobalt und Zink, während PIPER u. BECKWITH (29) Kupfer und Molybdän mit Cuperrone fällen und die gebildeten Innerkomplexsalze mit Chloroform ausschütteln.

Die hier genannten organischen Reagentien (Tannin ausgenommen) sowie zahlreiche andere bilden Innerkomplexverbindungen mit einer Reihe von Metallen und sind keinesfalls spezifisch, sondern in verschiedenem Ausmaß selektiv. Die vielfach geringe Selektivität dieser Reagentien wird allgemein bei der üblichen Anwendung in der Gravimetrie nachteilig empfunden. Erst durch Wahl eines geeigneten p_H-Wertes sowie durch Verwendung von Maskierungsmitteln gelingt es, Trennungsmöglichkeiten zu schaffen. Im Bereiche unserer Bestrebungen, eine möglichst große Zahl von Spurenmetallen mit einem einzigen Reagens anzureichern, ist diese geringe Selektivität von Vorteil.

Bei der Fällung mit einem dieser organischen Reagentien bleibt neben der ausgefällten Innerkomplexverbindung ein der Grenzkonzentration entsprechender Anteil in Lösung. Es ist nun ein hervorstechendes Merkmal der meisten dieser Verbindungen, in wäßriger Lösung nur in sehr geringem Maß zu dissoziieren (30). Diese Eigenschaft gestattet in Verbindung mit der ausgeprägten Löslichkeit der Innerkomplexsalze in organischen Solvenzien, auch noch solche Mengen zu extrahieren, die unterhalb der fällungsanalytischen Grenzkonzentration liegen. Während man bei der Anreicherung mit diesen Reagentien als Fällungsmittel an deren Fällungsempfindlichkeit gebunden ist, gelingt es bei der Ausschüttelung mit den gleichen Reagentien, die Empfindlichkeit um mehrere Zehnerpotenzen zu steigern.

Wir haben eine Reihe organischer Reagentien, welche Innerkomplexsalze bilden, auf ihre Brauchbarkeit zur Spurenextraktion untersucht. Von den Ergebnissen seien, um die Größenordnung der ermittelten Werte zu zeigen, einige Zahlen angeführt.

Tab. 1 zeigt eine Gegenüberstellung der Fällungsempfindlichkeit (31) zur Ausschüttelungsempfindlichkeit einiger Metalloxinate.

Element	Fällungsempfindlichkeit	Ausschüttelungsempfindlichkeit	Steigerung
Kupfer	$10^{-5,79}$	$10^{-9,70}$	7950 fach
Eisen(III)	$10^{-5,94}$	$10^{-9,70}$	5760 fach
Mangan(II)	$10^{-5,70}$	$10^{-9,70}$	10000 fach
Vanadium(V)	$10^{-5,78}$	$10^{-9,00}$	1660 fach

Die hier genannten Werte für die Ausschüttelungsempfindlichkeit stellen keine Grenzwerte dar, sondern sind durch die Versuchsbedingungen gegeben.

Zur Ermittlung der in Tab. 1 angeführten Werte wurden die entsprechenden Metallmengen (0,2 bzw. 1 $\mu g/l$) in 1 Liter spurenreinem dest. Wasser gelöst und mit 1 ml o-Oxychinolinlösung (3% ig in n-Essigsäure) bei p_H 6 etwa 3 min im Schütteltrichter geschüttelt. Hierauf wurde fünfmal mit je 10 ml Chloroform 30 sec lang geschüttelt. Die vereinigten Extrakte wurden ebenso wie die wäßrige Lösung zur Trockne verdampft, mit 0,1 ml 6 n-HCl aufgenommen und nach Überführung auf Spektralkohlen abgefunkt. Das Spektrogramm der wäßrigen Phase enthielt keine Linien der entsprechenden Metalle. Das Spektrogramm der Chloroformphase zeigte deren empfindlichste Linien in gut nachweisbarer Intensität.

Unter den organischen Lösungsmitteln scheint Chloroform einen besonderen Platz einzunehmen. Sein Lösungsvermögen für Innerkomplexsalze ist sehr hoch. Die Erforschung des Verhaltens von Innerkomplexsalzen zu Chloroform ließ eine Regelmäßigkeit erkennen, welche nach FEIGL (8) der Eigenschaft gewisser Gruppen zugeschrieben werden kann. Freie saure oder basische Gruppen im Molekül eines Innerkomplexsalzes beeinträchtigen die Löslichkeit, so daß Spurenmetalle, deren Innerkomplexsalze solche Gruppen enthalten, der extraktiven Anreicherung entgehen.

Die Zahl der für die Extraktion geeigneten Reagentien ist groß und die Möglichkeit zur Schaffung weiterer mannigfaltig. Soweit es sich um bekannte Reagentien handelt, seien Cupferron (Nitrosophenylhydroxylamin), Isonitrosoacetophenon, Cupron (α-Benzoinoxim), Diäthyldithizon (Natriumdiäthyldithiocarbamat), Dithizon, (Diphenylthiocarbazon), α-Nitroso-β-naphthol, Oxin (o-Oxychinolin), Salicylaldoxim und Thionalid (Thioglykolsäure-β-aminonaphthalid) genannt.

Wir haben nach mannigfachen Versuchen mit den genannten Reagentien für die Ausarbeitung eines generellen, extraktiven Anreicherungsverfahrens Dithizon und Oxin gewählt. Schüttelt man nacheinander mit Dithizon und Oxin aus, so gelingt die Anreicherung von mehr als 40 Spurenelementen neben größeren Mengen von Alkalien und Erdalkalien.

Die Veraschung der Probensubstanz

Zur Untersuchung auf physiologisch bedeutsame Spurenmetalle liegen in der Regel Wässer, pflanzliche oder tierische Substanzen und Bodenproben vor. Mit Ausnahme der Wässer müssen alle diese Substanzen vor der Anreicherung auf geeignete Weise in Lösung gebracht werden.

Für pflanzliche und tierische Substanzen erwies sich folgende Art der Veraschung als geeignet:

Die Probesubstanz wird bei 105° C im Trockenschrank getrocknet. Von der trockenen Probe werden 5—10 g in Quarzschalen im Muffelofen bei 400 bis 450° C verkohlt und hierauf zwei- bis dreimal mit heißer n-Salzsäure extrahiert, wobei der Extrakt mit Hilfe von Filterstäbchen abgesaugt wird. Nun wird der Rückstand mit konz. Salpetersäure angefeuchtet und bei 550° C vollkommen verascht, wobei das Anfeuchten mit Salpetersäure zwei- bis dreimal wiederholt wird. Die Asche wird mit 10 ml n-Salzsäure heiß gelöst, die Lösung abgesaugt und mit den ersten Auszügen vereint. Die Veraschung dauert etwa 1—2 Std. Mit Ausnahme von Quecksilber treten bei dieser Art der Veraschung keine Verluste auf, wie Veraschungen von reinstem Casein mit zugesetzten Spurenmetallen zeigten.

Sollen von einer Bodenprobe nicht bloß Auszüge auf Spuren untersucht werden, sondern die Gesamtmenge jedes Spurenelementes in der Probe bestimmt werden, so muß die Bodenprobe von organischen Stoffen befreit und durch einen Aufschluß in Lösung gebracht werden.

MITCHELL (32) verascht hierzu bei 500° C über Nacht und schließt dann mit besonders gereinigtem Soda auf. Die Kieselsäure wird in der üblichen Weise durch mehrmaliges Abrauchen mit Salzsäure unlöslich gemacht und von der Lösung abfiltriert. Die Kieselsäure wirkt auf alle vorhandenen Metall-Ionen außerordentlich stark adsorptiv. Um Verluste zu vermeiden, ist stets mit Flußsäure abzurauchen und der gelöste Rückstand mit der Lösung des Sodaaufschlusses zu vereinigen.

Um das Verfahren abzukürzen, behandeln wir Bodenproben in der folgenden Weise: Die Probe (10—20 g) wird bei 500° C im Platintiegel verascht, hierauf wird mit Perchlorsäure befeuchtet und 20 ml reinste Flußsäure zugesetzt. Man erwärmt auf mäßig warmem Sandbad. Nach dem Verdampfen der Flußsäure werden noch zweimal 10 ml zugesetzt und zum Schluß die Temperatur bis zur Entwicklung von Perchlorsäuredämpfen gesteigert, bis alle Perchlorsäure abgeraucht ist. Nach CHAPMAN (33) entweichen hierbei außer Silicium auch nennenswerte Mengen von Bor, Germanium, Arsen, Antimon, Selen, Rhenium. Keine Verluste sind bei Silber, Kupfer, Gold, Zink, Cadmium, Quecksilber, Vanadium, Wismut, Titan, Zinn, Molybdän, Kobalt und Nickel zu befürchten.

Die Entfernung störender Eisenmengen

Bei der aufeinanderfolgenden Extraktion mit Dithizon und Oxin wird Eisen ebenfalls extrahiert (34). Da bei den meisten Probematerialien eine im Verhältnis zu den Spurenmetallen hohe Eisenkonzentration zu erwarten ist, muß dieses zur Vermeidung von störenden Koinzidenzen bei Verwendung von Spektrographen mit kleiner Dispersion entfernt werden. Dreiwertiges Eisen geht zwar mit Dithizon keine Verbindung ein, jedoch wird dieses im alkalischen Medium von Eisen(III) oxydiert und die dabei entstehenden Eisen(II)-Ionen, die ein Dithizonat bilden, werden nunmehr extrahiert. Die Entfernung des Eisens ist daher vor der Extraktion mit Dithizon notwendig.

Von den in der analytischen Chemie gebräuchlichen Verfahren zur Abtrennung des Eisens von einer großen Zahl anderer Elemente haben wir die folgenden näher untersucht: Das Acetatverfahren (35), das Benzoatverfahren (36), die Extraktion mit Äther (37) und die Extraktion mit Oxin (38).

Beim Acetatverfahren werden mit dem Eisen(III) noch Aluminium, Chrom, Titan, Zinn(IV) und Zirkon abgeschieden. Unsere Versuche führten zu dem Ergebnis, daß auch dann, wenn die zweiwertigen Metalle nur in geringen Mengen vorhanden waren, die vollständige Abtrennung in einem einzigen Arbeitsgang nicht möglich war. Vor allem waren in der basischen Acetatfällung stets Kupferspuren nachweisbar.

Das Benzoatverfahren bietet bessere Trennungsmöglichkeiten und die Versuche zeigten die quantitative Abscheidbarkeit von Eisen, Aluminium, Chrom, Wismut, Zinn und Zirkon. In der Fällung waren zweiwertige Metalle der zweiten und dritten Gruppe des Schwefelwasserstoffgases spektralanalytisch in weit geringerem Maß als beim Acetatverfahren nachweisbar.

Bei der Extraktion mit Äthyläther werden nachstehende Metalle aus einer 6,5 n salzsauren Lösung extrahiert:

Metallion	% extrahierte Menge	Metallion	% extrahierte Menge
Arsen(III)	68	Antimon(III)	6
Arsen(V)	2—4	Antimon(V)	81
Gold(III)	95	Zinn(II)	15—30
Kupfer	0,05	Zinn(IV)	17
Eisen(III)	99	Thallium(III)	90—95
Quecksilber(II) . . .	0,2	Vanadium(V)	Spur
Molybdän(VI). . . .	80—90	Zink	0,2

Nicht extrahiert werden: Aluminium, Wismut, Calcium, Cadmium, Chrom, Kobalt, Eisen(II), Blei, Mangan, Nickel, Osmium, Palladium, Seltene Erden, Silber, Titan, Wolfram, Uran und Zirkon. Nach DODSON (39) ist Isopropyläther geeigneter als Äthyläther und gestattet, aus 8 n Salzsäurelösung Eisen zu 99,9% zu extrahieren und von den oben angeführten Metallen zu trennen.

Der Vergleich der untersuchten Eisenabscheidungsmethoden ergibt, daß eine vollkommene Isolierung von Eisen mit einer dieser Methoden allein nicht durchführbar ist. Von den Fällungsverfahren ist das Benzoatverfahren das vorteilhafteste, es ist aber in bestimmtem Maße mit den Fehlern solcher Fällungsverfahren behaftet. Mit steigender Eisen-Aluminium-Menge treten zunehmend Fehler durch Adsorption auf. Um diese Fehler auszuschalten, haben wir das Benzoatverfahren mit einer Ätherextraktion verbunden. Die Benzoatfällung kann neben Eisen, Chrom und Aluminium die Elemente Titan, Zinn, Wismut, Vanadium und Zirkon enthalten, ferner adsorbierte Spuren anderer Metalle. Löst man die basischen Benzoate in 6,5 n Salzsäure oder 8 n Salzsäure und extrahiert mit Äthyl- oder Isopropyläther, so finden sich in der Ätherphase neben Eisen lediglich Teile von Zinn.

Anreicherungsverfahren

Auf Grund der in den bisher beschriebenen Versuchen gemachten Erfahrungen erwies sich der nachstehende Arbeitsgang als geeignet, um die Mehrzahl der in der Probe enthaltenen Spurenmetalle mittels Extraktion anzureichern und von störenden Eisenmengen zu trennen.

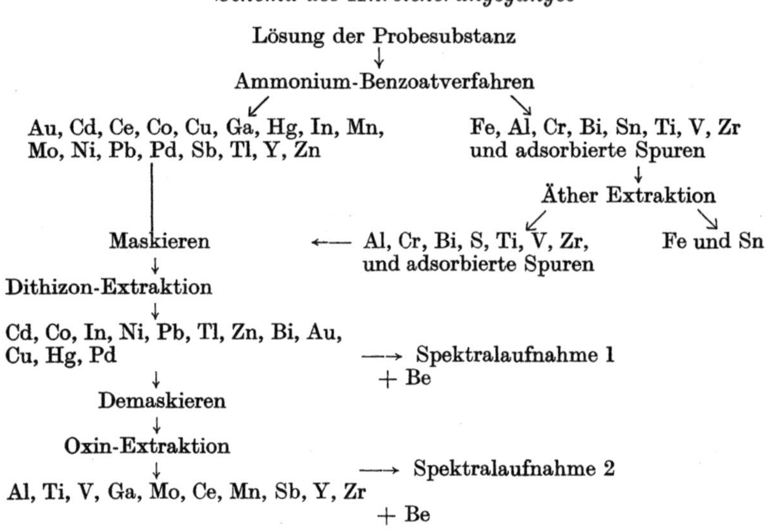

Schema des Anreicherungsganges

Lösung der Probesubstanz

Ammonium-Benzoatverfahren

Au, Cd, Ce, Co, Cu, Ga, Hg, In, Mn,
Mo, Ni, Pb, Pd, Sb, Tl, Y, Zn

Fe, Al, Cr, Bi, Sn, Ti, V, Zr
und adsorbierte Spuren

Äther Extraktion

Maskieren

Al, Cr, Bi, S, Ti, V, Zr,
und adsorbierte Spuren

Fe und Sn

Dithizon-Extraktion

Cd, Co, In, Ni, Pb, Tl, Zn, Bi, Au,
Cu, Hg, Pd

⟶ Spektralaufnahme 1
+ Be

Demaskieren

Oxin-Extraktion

Al, Ti, V, Ga, Mo, Ce, Mn, Sb, Y, Zr

⟶ Spektralaufnahme 2
+ Be

Arbeitsvorschrift

Die mineralsaure Lösung der Probesubstanz, welche neben den zu bestimmenden Spurenmetallen Eisen(III) und eine zehntausend- bis zehnmillionenfache Menge von Alkali- und Erdalkalimetallen enthält, wird mit 10 ml einer 10%igen Ammoniumacetatlösung und mit einer genügenden Menge 10%iger Ammoniumbenzoat- lösung versetzt (für je 65 mg Aluminium bzw. 125 mg Eisen sind 20 ml erforderlich), mit 5 n Ammoniak tropfenweise auf pH 3,8 bis 4,0 (Tüpfeln auf Indicatorpapier) eingestellt und 2 min gekocht. Nach dem Absitzenlassen wird heiß mit Hilfe von Filterstäbchen und Saugglocke filtriert und mit heißem, je 1% Ammoniumbenzoat und Essigsäure enthaltendem Wasser gewaschen.

Das Filtrat bringt man in einen 500—1000 ml fassenden Schütteltrichter für die spätere Dithizonextraktion.

Der Rückstand der Benzoatfällung wird in wenig 6,5 n-Salzsäure unter gelindem Erwärmen gelöst und mit 6,5 n-Salzsäure in einen 100 ml Schütteltrichter gespült. Hierauf wird Eisen mit Äthyläther oder bei Verwendung von 8 n-Salzsäure mit Isopropyläther extrahiert. Die Extraktion wird nach Entfernen der Ätherphase aus dem Schütteltrichter 2 mal mit je 25 ml Äther wiederholt. Die Ätherextrakte enthalten neben der gesamten Eisenmenge nur Zinn. Die mit Äther extrahierte Salzsäurephase wird in einer Quarzschale auf dem Wasserbad zur Trockne eingedampft und mit etwas bidestilliertem Wasser dem Filtrat der Benzoatfällung hinzugefügt.

Die Extraktion mit Dithizon

Die Lösung im Schütteltrichter wird mit 10—20 ml einer 10%igen Ammoniumtartratlösung versetzt, um eine Hydroxylfällung zu unterbinden. Nun wird tropfenweise mit 5 n-Ammoniak bis p_H 7 versetzt (Umschlag von Bromthymolblau nach Grün oder Tüpfeln auf Indicatorpapier) und mit Dithizon (10 mg/10 ml Chloroform) in bekannter Weise extrahiert, bis die Chloroformphase auch nach 200 Schlägen Grün bleibt. Nach weiterem Ammoniakzusatz beendet man die Extraktion bei p_H 9. Ist dies geschehen, säuert man mit Salzsäure an und extrahiert überschüssiges Dithizon mit etwas Chloroform bis zur Farblosigkeit der Chloroformschicht. Hierbei genügt kürzeres Schütteln. Die vereinigten Chloroformextrakte werden nach Abdestillieren der Hauptmenge Chloroform mit Perchlorsäure verascht und aufbewahrt.

Die Demaskierung der Tartratkomplexe

Da die Bildung der Oxinate gewisser Metalle durch die vorhandenen Tartratkomplexe verhindert oder verzögert wird, müssen diese vor der Oxinextraktion zerstört werden. Hierzu läßt man die Lösung aus dem Schütteltrichter in ein Becherglas ab, versetzt mit Kupfer(II)-Ionen als Katalysator (40) und zerstört die Weinsäure durch Oxydation mit Wasserstoffperoxyd. Ein Zusatz von 3 mg Kupfer(II)-Ionen (= 3 ml 0,1%ige Lösung) genügt meist. Es wird 15 min bei mehrmaligem Zusatz von 3%igem Wasserstoffperoxyd gekocht und nach dem Abkühlen in den großen Schütteltrichter rückgeführt.

Die Extraktion mit Oxin

Die Lösung wird nun mit 5 n-Ammoniak auf p_H 5 eingestellt und mit Oxin (0,1%ige Lösung in Chloroform) extrahiert, bis die Chloroformphase farblos bleibt. Hierauf wird der gleiche Vorgang

8*

bei p_H 6,5 wiederholt. Die vereinigten Oxinextrakte werden nach dem Abdestillieren von Chloroform in eine Quarzschale überführt und mit Perchlorsäure verascht. Die Rückstände der mit Perchlorsäure veraschten Dithizonate und Oxinate werden in der üblichen Weise mit einer Nullpunktspipette auf ein Volumen von 0,2 ml oder bei größeren Oxinatmengen auf 0,4 ml gebracht und nach Zusetzen eines Bezugselementes spektralanalytisch untersucht. Die hierbei anzuwendende Methodik kann aus den Arbeiten von G. GORBACH u. F. A. POHL (41) ersehen werden.

Häufige Fehlerquellen

Bei unseren Versuchen ergab sich, daß Fehler in weitaus größerem Maße und häufiger durch Einschleppen von Spuren als durch Verluste bei den beschriebenen Operationen verursacht werden. Besonders Aluminium-, Kupfer- und Zinkbestimmungen können durch Einschleppen dieser Elemente sehr hohe Fehler aufweisen, welche ihre Ursache in unreinen Reagentien, besonders aber in den verwendeten Gefäßen und Geräten haben. Die Verunreinigungen der nach dem Kriege aus Übersee gelieferten A. R.-Reagentien war durchschnittlich um eine Zehnerpotenz höher als bei den entsprechenden alten Merck- und Kahlbaum-Reagentien. — Für die Reinigung von Salzsäure gibt HIBBARD (42) ein geeignetes Verfahren an. Für Ammoniak eignet sich das Isothermverfahren nach ABRAHAMCZIK (43). Die sonstigen Reagentien reinigen wir durch Extraktion mit Dithizon oder Oxin. Alle metallischen Laboratoriumsgeräte sind mit Schutzanstrichen, die keine Metalle enthalten, zu versehen. Jenaerglas und gleichartige Gerätegläser geben bei Temperaturen über 40° C Kupfer- und Zinkspuren ab. Auf eine Reihe anderer Einschleppungsmöglichkeiten ist in der Literatur wiederholt hingewiesen worden.

Verluste entstehen durch Adsorption an Gefäßen, durch Veraschung bei zu hoher Temperatur sowie durch ungenaue Abtrennung der Phasen beim Ausschütteln.

Literaturverzeichnis

1. GORBACH, G.: Über eine Mikrotorsionswaage höherer Belastbarkeit. Mikrochim. Acta (Wien) **3—4**, 352 (1954).
2. HAACK, A., u. E. WIESER: Mikrochim. Acta (Wien) **1**, 117 (1954).
3. EMICH, F.: Mikrochemisches Praktikum. München: Bergmann 1926.
4. PREGL, F., u. H. ROTH: Quantitative organische Mikroanalyse. Wien: Springer 1947.
5. LIEB, H., u. W. SCHÖNIGER: Anleitung zur Darstellung organischer Präparate mit kleinen Substanzmengen. Wien: Springer 1954.
6. HECHT, F., u. J. DONAU: Anorganische Mikrogewichtsanalyse. Wien: Springer 1940.
7. FEIGL, F.: Qualitative Analyse mit Hilfe von Tüpfelreaktionen. Leipzig 1935.
8. FEIGL, F.: Selective, Sens. and Spec. Reactions. New York: Acad. Press Inc. Publishers 1949.
9. SKALOS, G.: Mikrochemie u. Mikrochim. Acta (Wien) **4**, 263 (1943).
10. GRIEBEL, C.: Mikrochemie u. Mikrochim. Acta (Wien) **3**, 313 (1931).
11. STEFFAN, G.: Dissertation, unveröffentlicht.
12. GATTERMANN, L., u. H. WIELAND: Die Praxis des organischen Chemikers. Berlin: Walter de Gruyter & Co. 1943.
13. GORBACH, G., u. H. MALISSA: Mikrochemie u. Mikrochim. Acta (Wien) **33**, 145 (1948).
14. SCHWARZ-BERGKAMPF, E.: Mikrochemie u. Mikrochim. Acta (Wien) (EMICH Festschrift) 268 (1930).
15. BERG, R., u. E. S. FAHRENKAMP: Z. anal. Chem. **109**, 305 (1937).
16. GORBACH, G.: Vorratspflege und Lebensmittelforschung **3**, H. 5/6, 272 (1940).
17. GORBACH, G.: Mikrochemie u. Mikrochim. Acta (Wien) **31**, 302 (1944).
18. GORBACH, G., u. P. SCHÄFER: ZUL **95**, 231 (1951).
19. FLASCHKA, H.: Melliand Textilberichte Heidelberg, Vol. XXXIV, Nr. 11.
20. GORBACH, G.: ZUL **87**, Heft 1/3.
21. GORBACH, G., u. A. JURINKA: Fette u. Seifen **51**, 129 (1944).
22. GORBACH, G., u. H. PFUDL: Fette u. Seifen **54**, 334 (1952).
23. KOFLER, L. u. A.: Thermomikromethoden. Weinheim: Verlag Chemie 1954.
24. SCHARRER, K.: Biochemie der Spurenelemente. Berlin: Parey 1941.
    BERG, R.: Die Spurenelemente in unserer Nahrung und in unserem Körper. Leipzig: J. A. Barth 1940.
    SMITH, E.-L.: Nature (Lond.) **162**, 144 (1948).
25. BILZ, W., u. E. MACHIS: Z. anorg. Chem. **64**, 236 (1909).
26. ROHNER, F.: Helvet. chim. Acta **21**, 28 (1938).
27. MITCHELL, R. L., and R. O. SCOTT: J. Soc. Chem. Ind. **66**, 330 (1947).

28. Sempels, G.: Spectrochim. Acta **3**, 246 (1948).

29. Piper, C. S., and R. S. Beckwith: J. Soc. Chem. Ind. **67**, 374 (1948).

30. Pfeiffer, P.: Organische Molekülverbindungen. Stuttgart: F. Enke 1922.

31. Berg, R.: Die analytische Verwendung von Oxin und seiner Derivate. Stuttgart: F. Enke 1938.

32. Mitchell, R. L., and O. Scott: Spectrochim. Acta **3**, 367 (1949).

33. Chapman, F. W., G. Marvin and S. Y. Tyree: Chem. Abstr. **1949**, 6106.

34. Gorbach, G., u. F. Pohl: Mikrochemie u. Mikrochim. Acta (Wien) **38**, 258 (1951).

35. Funk, W.: Z. anal. Chem. **45**, 181 (1906).

36. Kolthoff, I. M., V. A. Stenger and B. Moskowits: J. Amer. Chem. Soc. **56**, 812 (1948).

37. Kolthoff, I. M., and E. B. Sandell: Textbook of Quantitativ Inorganic Analysis. New York: McMillan & Co. 1948.

38. Moeller, T.: zitiert nach J. F. Flagg. New York: Organic Reagents Interscience Publishers Inc. 1948.

39. Dodson, R. W., G. E. Forney and E. H. Swift: J. Amer. Chem. Soc. **58**, 2573 (1936).

40. Meigen, W., u. J. Schnerb: Z. angew. Chem. **37**, 208 (1924).

41. Gorbach, G., u. F. Pohl: Mikrochemie u. Mikrochim. Acta (Wien) **38**, 335 (1951).

42. Hibbard, P. S.: zitiert nach W. Prodinger, Organische Fällungsmittel. Stuttgart: F. Enke 1938.

43. Abrahamczik, E.: Mikrochemie u. Mikrochim. Acta (Wien) **25**, 235 (1938).

Sachverzeichnis

Bestellnummer für die einzelnen Glas- und Metallgeräte

(Sämtliche Geräte sind zu beziehen bei der Fa. Paul Haack,
Glaswarenerzeugung, Wien IX., Garelligasse 4)

Absaugtrichter von F. HECHT . . . . G 45
Universalheizkörperstativ . . . . M 1
Heizkörper . . . . M 1b
Aufsatz für Spitzbecher . . . . M 1c
Luftbad mit Deckel und Deckplatte . . . . M 1d
Kühlblock . . . . M 1e
Schmelzpunktaufsatz . . . . M 1f
Wasserbad . . . . M 1g
Kontaktthermometer . . . . M 1h
Mikro-Autoklav . . . . M 1k
Mehrfach-Universalstativ . . . . M S A
Mikromuffel . . . . M 2
Handzentrifuge . . . . M 3
Motorzentrifuge . . . . M 4
Ultrazentrifuge . . . . M 5
Spitzbechergestell . . . . M 6
Einwägebehelfe . . . . M 7
Abtropfbrett für Spitzbecher . . . . M 8
Stativfederklemme . . . . M 9
Federklemme . . . . M 10
Schraubenklemme . . . . M 11
Kugelgelenke . . . . M 12

Grundausstattung für ein mikrochemisches Laboratorium

 1 Tüpfelplatte . . . . G 3
30 Spitzbecher, groß . . . . G 5a
10 Mikrobecher . . . . G 5c
 6 Spitzbecher mit Schliffstopfen . . . . G 6a
10 Rührstäbchen . . . . G 7
 5 Deckel ohne Loch . . . . G 9
 5 Deckel mit Loch . . . . G 10
 5 Kühlerkugeln . . . . G 11
 5 Halteringe . . . . G 12a
 6 Extraktionskölbchen . . . . G 14
 2 Porzellantiegel . . . . G 16
 1 Nullpunktspipette 1 ml . . . . G 18
 1 Auswaschpipette 0,2 ml . . . . G 19
 2 Capillarpipetten 0,2 ml . . . . G 20
 2 Mikro-Büretten 0,2 ml . . . . G 22
 5 Filterstäbchen . . . . G 23
 1 Porzellanfilterstäbchen . . . . G 26
 1 Filtrierglocke . . . . G 28
 1 Filtrierpipette . . . . G 29
 1 Spritzflasche . . . . G 32
 1 Spritzpipette . . . . G 33
 1 Storchenschnabel . . . . G 34
 1 Extraktionsapparat . . . . G 35
 6 Extraktionsschälchen . . . . G 36
 1 Haubenrückflußkühler, offener, groß . . . . G 38
 1 Wasserbestimmungsapparatur . . . . G 42
 1 Absaugtrichter . . . . G 45
 1 Colorimeter, komplett . . . . G 43
 1 Universalheizkörperstativ, komplett . . . . M 1 a, b, c,
 1 Spitzbechergestell . . . . M 6 [d, f, g